高等职业院校精品教材系列

无人机技术与应用

贾海瀛 陈健德 关 山 编著

电子工业出版社.
Publishing House of Electronics Industry
北京·BEIJING

内 容 简 介

随着信息技术的快速发展，无人机得到了广泛应用，为满足行业企业的人才需求，许多院校已开设无人机技术专业或相关课程。本书结合高职院校的教学要求进行编写，系统地介绍无人机的技术知识与应用技能。全书共 7 章，内容包括无人机的结构及飞行原理、无人机的动力系统及通信系统、无人机的电子设备系统、无人机的组装与调试、无人机的飞行与控制、无人机的应用、无人机的飞行安全。本书内容全面、深入浅出、通俗易懂，读者通过学习本书可轻松掌握无人机的飞行控制技术。

本书为高等职业本专科院校相应课程的教材，也可作为开放大学、成人教育、自学考试、中职学校及培训班的教材，以及无人机爱好者的参考书。

本书配有免费的电子教学课件、习题参考答案，详见前言。

图书在版编目（CIP）数据

无人机技术与应用 / 贾海瀛，陈健德，关山编著. —北京：电子工业出版社，2020.6（2024.7 重印）
高等职业院校精品教材系列
ISBN 978-7-121-37860-7

Ⅰ. ①无… Ⅱ. ①贾… ②陈… ③关… Ⅲ. ①无人驾驶飞机－高等学校－教材 Ⅳ. ①V279

中国版本图书馆 CIP 数据核字（2019）第 253881 号

责任编辑：郭乃明
印　　刷：天津嘉恒印务有限公司
装　　订：天津嘉恒印务有限公司
出版发行：电子工业出版社
　　　　　北京市海淀区万寿路 173 信箱　邮编　100036
开　　本：787×1 092　1/16　印张：14　字数：358.4 千字
版　　次：2020 年 6 月第 1 版
印　　次：2024 年 7 月第 7 次印刷
定　　价：46.00 元

凡所购买电子工业出版社图书有缺损问题，请向购买书店调换。若书店售缺，请与本社发行部联系，联系及邮购电话：（010）88254888，88258888。

质量投诉请发邮件至 zlts@phei.com.cn，盗版侵权举报请发邮件至 dbqq@phei.com.cn。

本书咨询联系方式：chenjd@phei.com.cn。

前　言

　　无人驾驶飞机（Unmanned Aerial Vehicle）简称无人机，是利用遥控设备和自备的程序控制装置操纵的无须人员驾驶的飞行器，主要包括固定翼无人机、无人直升机和多旋翼无人机等。

　　无人机的首要特点是机上没有驾驶员，因此与有人驾驶飞机相比，无人机往往更适合于完成那些环境恶劣或比较危险的任务。无人机的分类方式有很多，仅按应用领域可分为军用与民用。军用方面，无人机分为侦察机和靶机；民用方面，根据无人机在各行业中的应用可分为多种应用型无人机。目前，无人机在航拍、农作物产量预估、植物保护、微型自拍、快递运输、灾难救援、观察野生动物、监控疾病、国土测绘、新闻报道、电力巡检、影视拍摄等领域得到了广泛的应用。从飞机平台构型角度，无人机可分为固定翼无人飞机、无人垂直起降飞机、无人飞艇、无人直升机、多旋翼无人机、无人伞翼机等。其中，固定翼无人飞机和多旋翼无人机在各个领域得到了高度的重视和应用，现在一般提及的无人机是指这两类。

　　从本质上来说，无人机属于一种自动化和智能化控制的高科技产品，其涉及的知识和技术面很广，技术含量比较高。目前，各国一改原来只注重军用无人机研究的做法，已把相当大的注意力（人力、物力和财力）转移到民用无人机的研究、开发和应用上。在无人机已得到广泛应用的背景下，许多院校开设了无人机技术专业或课程。本书结合高职院校的教学要求进行编写，系统地介绍无人机的技术知识与应用技能。

　　本书共7章，第1章介绍无人机的概念、结构及飞行原理等；第2章介绍无人机的动力系统及通信系统；第3章介绍飞控系统、导航系统、舵机系统、传感器系统和摄像系统；第4章介绍无人机的组装与调试，并设置系统拆装无人机的实验；第5章介绍无人机的飞行与控制，还设置了无人机试飞实验；第6章介绍无人机在日常生活中的主要应用及使用无人机的技巧；第7章介绍无人机的飞行安全问题，包括无人机飞行涉及的法律法规等。

　　本书作者有多年的相关专业教学和研究经验，在相应课程和实验中有多项教研成果，同时与多家无人机企业有项目合作，具有丰富的实践经验。本书由天津职业大学贾海瀛、电子工业出版社有限公司陈健德和长春理工大学关山共同编著。编写分工为贾海瀛编写第1章、第5章和第7章，陈健德编写第3章和第6章，关山编写第2章和第4章。全书由贾海瀛统稿。在编写本书的过程中，作者参照和引用了部分著作及文献资料，在此对相关文献作者一并表示深深的感谢。

　　由于水平有限，书中疏漏及不足之处在所难免，恳请读者和专家批评指正。

　　为了方便教师教学，本书还配有免费的电子教学课件和习题参考答案，请有此需要的教师登录华信教育资源网（http://www.hxedu.com.cn）免费注册后进行下载。若有问题，请在网站留言或与电子工业出版社联系（E-mail：hxedu@phei.com.cn）。

编著者

目 录

第 1 章

无人机的结构及飞行原理

无人机产业作为朝阳产业正在蓬勃发展，本章首先带领读者走进无人机，从整体上把握无人机的概念及其重要组成部分。通过本章的学习，读者将会掌握以下内容：

● 无人机的概念和分类；
● 不同无人机的性能指标及用途；
● 空气动力学的概念及大气环境基础知识；
● 不同种类无人机的结构及飞行原理。

1.1 无人机的分类与航空模型

1.1.1 无人机的概念

无人机是利用无线电遥控设备和自备的程序控制装置操纵的不载人飞机，其由机载计算机完全地或间歇地自主操作。无人机实际上是无人驾驶飞行器的统称。

无人机的起源可以追溯到第一次世界大战，当时无人机作为训练用的靶机使用。第二次世界大战之后，多余或者退役的飞机被改装成为特殊研究用飞机或者靶机，成为近代无人机使用的先河。近年来，无人机的使用扩展至全球的各个行业，从敏感的军事领域到世界各地的爱好者，无人机技术在过去几年中发展速度惊人。个人、商业实体和政府机构已经认识到无人机的多种用途，包括电影摄影与新闻摄影、快递装运、为灾害管理收集信息或提供必需品、用于搜救行动的热传感器无人机、不可及地形和地点的地理制图、建筑安全检查、精密作物监测、无人货物运输、执法和边境管制监督、风暴追踪和预报飓风与龙卷风等。

1.1.2 无人机的分类

国内外无人机相关技术飞速发展，无人机系统种类繁多，由于其在尺寸、质量、航程、航时、飞行高度、飞行速度、任务等多方面有较大差异,因此无人机有以下几种分类方式。

1. 按用途分类

按用途分类,无人机可分为军用无人机和民用无人机。军用无人机可分为诱饵无人机、侦察无人机、电子对抗无人机、通信中继无人机、无人战斗机及靶机等,民用无人机可分为巡查/监视无人机、气象无人机、农用无人机、勘探无人机及测绘无人机等。

2. 按尺度分类

按尺度分类(民航法规),无人机可分为微型无人机、轻型无人机、小型无人机及大型无人机。微型无人机是指空机质量不大于 7 kg 的无人机;轻型无人机是指空机质量大于 7 kg,但不大于 116 kg 的无人机,且全马力平飞中,校正空速小于 100 km/h(55 nmile/h),升限小于 3000 m;小型无人机是指空机质量大于 116 kg,但不大于 5700 kg 的无人机;大型无人机是指空机质量大于 5700 kg 的无人机。

3. 按活动半径分类

按活动半径分类,无人机可分为超近程无人机、近程无人机、短程无人机、中程无人机和远程无人机。超近程无人机的活动半径在 15 km 以内,近程无人机的活动半径为 15~50 km,短程无人机的活动半径为 50~200 km,中程无人机的活动半径为 200~800 km,远程无人机的活动半径大于 800 km。

4. 按任务高度分类

按任务高度分类,无人机可以分为超低空无人机、低空无人机、中空无人机、高空无人机和超高空无人机。超低空无人机任务高度一般为 0~100 m,低空无人机任务高度一般为 100~1000 m,中空无人机任务高度一般为 1000~7000 m,高空无人机任务高度一般为 7000~18 000 m,超高空无人机任务高度一般大于 18 000 m。

5. 按飞行平台构型分类

按飞行平台构型分类,无人机可分为固定翼无人机、旋翼无人机、无人飞艇、伞翼无人机、扑翼无人机等。其中,固定翼无人机和旋翼无人机的应用较为广泛。本书详细介绍的常见无人机,主要分为 3 类:无人直升机、固定翼无人机和多旋翼无人机,如图 1-1 所示。

(a)无人直升机   (b)固定翼无人机   (c)多旋翼无人机

图 1-1 常见无人机

1)无人直升机

无人直升机 [见图 1-1(a)],是指由无线电地面遥控飞行或自主控制飞行的可垂直起

降（Vertical Take-Off and Landing，VTOL）不载人飞行器。从构造形式上来说，其属于旋翼飞行器；从功能上来说，其属于垂直起降飞行器。无人直升机有自身独有的飞行特点，其不需要跑道，机场适应性较强，在飞行中机动灵活，生存力较强。无人直升机独特的飞行能力是其他飞行器不具备的，它可以执行许多有人驾驶直升机无法完成的任务。与其他飞行器相比，无人直升机具有尺寸小，结构紧凑，悬停和中速飞行效率高等特点，但是其续航时间较其他无人机短，而且复杂的机械结构也会带来很高的维护成本。

2）固定翼无人机

固定翼飞机（Fixed-wing Plane）是指由动力装置产生前进的推力或拉力，由机身的固定机翼产生升力，在大气层内飞行的重于空气的航空器。固定翼无人机［见图 1-1（b）］的机翼位置及后掠角等参数在飞行过程中保持不变。飞机的机体结构通常包括机翼、机身、尾翼和起落架。固定翼无人机需要保持一定的前飞速度，因此不能垂直起降。固定翼无人机的优点是飞行距离长，巡航面积大，飞行速度快，飞行高度高，可设置航线自动飞行，也可设置回收点坐标自动降落；缺点是起飞和降落需要跑道和弹射器。

3）多旋翼无人机

多旋翼无人机［见图 1-1（c）］是一种具有 3 个及以上旋翼轴的特殊的无人机。最常见的多旋翼无人机为四旋翼，其通过每个轴上的电动机转动，带动旋翼，从而产生升推力。旋翼的总距固定，而不像一般直升机那样可变。通过改变不同旋翼之间的相对转速，可以改变单轴推进力的大小，从而控制飞行器的运行轨迹。多旋翼结构具有对称性，所以螺旋桨之间的反转矩可以相互抵消。多旋翼无人机的结构简单，具有操控简单、可靠性高和维护成本低等优点，但是这种设计也在一定程度上牺牲了多旋翼无人机的承载性和续航时间。

1.1.3　无人机与航空模型的区别

无人机是一种由无线电遥控设备或自身程序控制装置操纵的无人驾驶飞行器；航空模型是一种重于空气的，有尺寸限制的，带有或不带有动力装置的，不能载人的航空器（简称航模），即航模是供运动用的一种不载人的飞行器，可分为动态航模和静态航模两大类。动态航模（简称动模）是一种有尺寸限制的、带有或者不带有发动机的，且能通过遥控器控制的可飞行航空器，一般用于竞技娱乐。动态航模的性能参数不像无人机那样有着很高的要求，一般只需满足足够快的速度和能进行一些花式飞行即可。静态航模（简称静模）主要是用于观赏或验证气动外形，与航空战斗机原型有很大相似度的模型，简单来说就是模仿各种战斗机（如歼 20 等）的原型制作的模型，具有观赏性。无人机与航模的区别如表 1-1 所示。

表 1-1　无人机与航模的区别

项　　目	无　人　机	航　　模
组成	复杂	简单
使用	自主飞行与遥控	遥控
用途	军用、民用、特殊任务	比赛、运动、娱乐
管理	中国民用航空局（简称民航局）或军方	航空运动管理中心

1. 组成不同

无人机比航模要复杂。航模由飞行平台、动力系统和视距内遥控系统组成，主要为了大众的观赏性，追求的是外表的真实或飞行优雅等，科技含量并不高；无人机系统由飞行平台、动力系统、自动驾驶仪、飞控导航系统、通信链路系统、任务系统和地面站等组成，主要为了完成特定任务，追求的是系统的任务完成能力，科技含量高。

2. 使用不同

无人机多执行超视距任务，最大任务半径上万千米，通过机载导航系统和自动驾驶仪，可自主飞行，通过链路系统上传控制指令和下传任务信息。航模通常在目视视距范围内飞行，控制半径小于 800 m，操作人员目视飞机，通过手中的遥控发射机操纵飞机，机上一般没有任务设备。很多无人机系统也有类似航模的能力，可以在视距内直接遥控操作。

3. 用途不同

无人机偏向于军事用途或民用特种用途，用于执行特殊的任务；而航模更接近于玩具。

4. 管理不同

在我国，航模由国家体育总局下属航空运动管理中心管理；而民用无人机由民航局统一管理，军用无人机由军方统一管理。

1.2 无人机的性能、用途和选型

1.2.1 无人机的性能

1. 无人直升机的性能

无人直升机具有独特的飞行性能及使用价值。与有人直升机相比，无人直升机由于无人员伤亡、体积小、造价低、战场生存力强等特点，在许多方面具有无法比拟的优越性。与固定翼无人机相比，无人直升机可垂直起降、空中悬停，向任意方向飞行，其起飞着陆场地小，不必配备复杂、大体积的发射回收系统。在军用方面，无人直升机既能执行各种非杀伤性任务，又能执行各种软硬杀伤性任务，包括侦察、监视、目标截获、诱饵、攻击、通信中继等；在民用方面，无人直升机在大气监测、交通监控、资源勘探、电力线路检测、森林防火等方面具有广泛的应用前景。

无人直升机的飞行性能分为垂直飞行性能和前飞性能两类。

无人直升机垂直飞行性能指在定常状态（力和力矩都处于平衡的、无加速度运动的状态）时不同高度的上升率（上升速度）和上升率为零的理论静升限（悬停高度），以及上升率为某一规定值（0.5 m/s）的实用静升限。由于近地面有地面效应，在确定悬停高度时应说明有无地面效应。

无人直升机前飞性能同一般飞机的飞行性能相似，包括内容如下：①定常平飞性能，即在不同高度的巡航速度（经济速度）、有利速度和最大速度；②续航性能，即在不同高度的最大航时和最大航程；③定常爬高性能，即在不同高度的最大爬高率（爬高时的垂直速

度分量）、理论动升限（带有平飞速度的最大高度）和实用动升限；④定常自转下滑性能，即在不同高度的最小下滑率和最小下滑角。

2. 固定翼无人机的性能

到目前为止，除少数特殊形式的无人机外，大多数固定翼无人机由机翼、机身、尾翼、起落装置和动力装置 5 个部分组成。固定翼无人机采用自稳定系统，其在升空后动力系统工作正常的情况下，可以自主抵抗气流的干扰以保持稳定。另外，从飞行器姿态控制来说，固定翼无人机系统是完整驱动系统，在任何姿态下可以调整到任何姿态，并且保持这个姿态。从实际操作来看，固定翼无人机可以在正常飞行情况下进入另外一个复杂的飞行姿态并能够恢复之前的状态。

固定翼无人机的优点是在 3 类飞行器中续航时间最长、飞行效率最高、载荷最大、飞行稳定性高。速度快、续航长的无人机在各个行业应用往往意味着更高的生产力。

固定翼无人机在测量领域中的运用非常广泛，携带照相机等测绘设备，一架续航时间 2.5 h、时速 80 km 的电动固定翼无人机，一个架次就可以测绘 20 km^2 的面积。这在洪水、地震等自然灾害发生后的应急救援中的优势尤为明显。固定翼无人机还是偏远地区的输电线路、石油管道等长距离巡检的利器。按照设定航线飞行的固定翼无人机一次就可以巡检几十甚至上百千米的线路。利用固定翼无人机巡检大幅提高了巡检效率，工人不再需要跋山涉水，其工作也变得相对轻松，只需要放出无人机，然后等它回来后查看录像或照片即可。固定翼无人机还可以胜任一些巡逻、侦察、监控等任务，它们续航长、活动范围大，在大范围监控，特别是在森林防火中的表现尤为突出。

3. 多旋翼无人机的性能

多旋翼无人机较之其他类别的无人机具有很多的优势，其主要性能如下。

1）操控简单

多旋翼无人机可以垂直起降和空中悬停，遥控器上的 2 个操纵杆的 4 个操作分别对应无人机的上下、前后、左右和偏航运动，又因为这 4 种运动是解耦的，所以多旋翼无人机的操控非常简单，一般只需几小时就可以掌握其操控方式。此外，多旋翼无人机的遥控原理非常简单，参数调节也比较简单。而无人直升机的控制难点在于模型强耦合和强非线性，这增加了自动驾驶仪设计的难度，而且其控制器参数调节相对困难。由于固定翼无人机无法空中悬停，无人机操作员（俗称飞手）需要持续对其进行控制操作，因此其需要在较大的空域进行飞行。相对而言，多旋翼无人机的操控性能是非常高的。

2）机械结构的可靠性高

固定翼无人机和无人直升机的机身都有活动关节，飞行过程中都会有一定程度的磨损。多旋翼无人机机架上没有活动关节，且采用无刷直流电动机，所以多旋翼无人机几乎没有机械磨损，这就提升了多旋翼无人机结构的可靠性，保证了正常飞行的需要。

3）维护容易

多旋翼无人机结构简单，因此容易组装。例如，多旋翼无人机上的电动机、电调、电池、螺旋桨或机架损坏之后可以很容易替换；相反，固定翼无人机和无人直升机的零件较多，机构较复杂，因此它们的组装很困难。

3 种无人机的性能比较如图 1-2 所示。

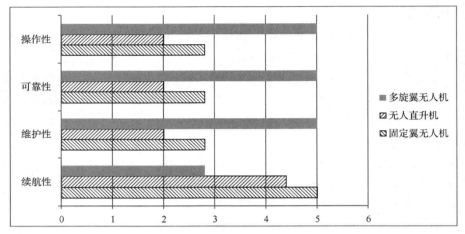

图 1-2　3 种无人机的性能比较

1.2.2　无人机的用途和选型

1. 无人机在民用领域的应用

1）航拍摄影

随着民用无人机的快速发展，广告、影视、婚礼视频记录等方面越来越多地出现无人机的身影（见图 1-3）。许多大型纪录片中的许多镜头是由无人机拍摄的。无人机通过云台携带高清摄像机，不仅将传统航摄的大场面发挥得淋漓尽致，而且由于其灵活的机动性能，能收到动感震撼的视频效果。

图 1-3　无人机航拍摄影

2）电力巡检

现代无人机可以穿越高山、河流对输电线进行快速巡检（见图 1-4），专业的无人机可以在恶劣的情况下进行线路的架设工作。2015 年 4 月 9 日，济南供电公司输电运检室联合山东电科院对四基跨黄河大跨越高塔开展了无人机巡视工作。无人机巡视具有不受高度限制、巡视灵活、拍照方便和角度全面的优点，特别适合于大跨越高塔的巡视，弥补了人工巡视的不足。

3）新闻报道

美国有线电视新闻网（Cable News Network，CNN）已经获得由美国联邦航空管理局（Federal Aviation Administration，FAA）颁发的牌照，将测试摄像头装在用于新闻报道的无人机上（见图 1-5）。早在 2013 年芦山地震抗震救灾中，央视新闻就采用深圳一电科技有限公司自主研发的某款无人机拍摄了灾区的情况。救灾人员无法抵达的地方，无人机能轻松穿越，在监测山体、河流等次生灾害的同时，还能利用红外成像仪在空中搜寻受困人员。

图 1-4　无人机架设线路

图 1-5　无人机新闻报道

4）保护野生动物

位于荷兰的非营利组织——影子视野基金会等机构使用经过改装的无人飞行器为保护濒危物种提供关键数据。保护野生动物的无人机已在非洲被广泛投入使用（见图 1-6）。经过改良的无人机还能够应用于反偷猎巡逻。英国自然保护慈善基金——皇家鸟类保护协会也将越来越多的无人机应用于鸟类和自然栖息地的保护工作。

5）环境监测

2013 年始，中华人民共和国生态环境部组织 10 个督查组在京津冀及周边地区开展大气污染防治专项执法督查，安排无人机对重点地区进行飞行检查。无人机已经越来越频繁地用于大气污染执法（见图 1-7）。从 2013 年 11 月起，环保部门开始使用无人机航拍，对钢铁、焦化、电力等重点企业排污、脱硫设施运行等情况进行直接检查。2014 年以来，多个省份使用无人机进行大气污染防治的执法检查，以实现更到位的监管。

图 1-6　无人机保护野生动物

图 1-7　无人机环境监测

6）快递送货

2015 年 2 月 6 日，阿里巴巴公司在北京、上海、广州三地开展为期 3 天的无人机送货服务测试，使用无人机将盒装姜茶快递给客户。承担快递送货的无人机（见图 1-8），不会直接飞到客户门前，而是飞到物流站点，"最后一公里"的送货仍由快递员负责。在国外，亚马逊公司在美国和英国都有无人机测试中心。2017 年，亚马逊公司负责人表示，其目标是利用无人机将包裹送到数百万顾客手中，顾客下单后最多等半小时包裹即可送到。

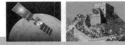

7）提供网络服务

2014 年，Google 公司收购了无人机公司 Titan Aerospace；2016 年，研制成功并开始测试无人机 Solara 50 和 Solara 60。该无人机通过吸收太阳能补充动能，可以在近地轨道持续航行 5 年而不用降落，并可通过特殊设备，使高空无人机最高可提供 1 GB/s 的网络接入服务（见图 1-9）。另外，Facebook 公司收购了无人机生产商 Ascenta 公司，以开发无人机互联网连接技术。

图 1-8　无人机快递送货　　　　　　　　图 1-9　无人机提供网络服务

8）交通疏导

无人机参与城市交通管理能够发挥其专长和优势（见图 1-10），帮助公安交通管理部门共同解决大中城市交通顽疾，不仅可以从宏观上确保城市交通发展规划贯彻落实，而且可以从微观上进行实况监视、交通流的调控，构建水-陆-空立体交管，实现区域管控，确保交通畅通，应对突发交通事件，实施紧急救援。

2. 无人机在军事领域的应用

1）情报侦察

侦察无人机通过安装光电、雷达等各种传感器，具有全天候的综合侦察能力（见图 1-11）。情报侦察无人机的侦察方式高效多样，可以在战场上空进行高速信息扫描，也可低速飞行或者悬停凝视，为部队提供实时情报支持。高空长航时战略侦察无人机从侦察目标上空掠过，替代卫星的部分功能，执行高空侦察任务，凭借高分辨率照相设备拍摄清晰的地面图片，具有重要的战略意义。便携式无人机可以大量使用，以满足部队连排级战场监视、目标侦察、毁伤评估等战术任务。

图 1-10　无人机智慧交通　　　　　　　　图 1-11　情报侦察无人机

2）军事打击

军事打击无人机携带作战单元，发现重要目标进行实时攻击，实现"察打结合"，可以减少人员伤亡并提高部队攻击能力（见图 1-12）。军事打击无人机能够预先靠前部署，拦截处于助推段的战术导弹，作为要地防空时可在较远距离摧毁来袭导弹。担任主战攻击的无人机体积大，速度快，可对地攻击，进行空战，攻击、拦截地面和空中目标，是实现全球快速打击能力的重要手段；担任战术攻击的无人机在部分作战领域可以代替导弹，采取自杀式攻击方式，对敌实施一次性攻击；担任攻击型反辐射的无人机携带有小型和大威力的精确制导武器、激光武器或反辐射导弹，可对雷达、通信指挥设备进行打击。

3）信息对抗

在战场上无人机可以随时起飞，针对激光制导、微波通信、指挥网络、复杂电磁环境等光电信息实施对抗（见图 1-13），有效阻断敌方装备的攻击、指挥和侦察能力，提高己方信息作战效率。电子对抗无人机对指挥通信系统、地面雷达和各种电子设备实施侦察与干扰，支援各种攻击机和轰炸机作战；诱饵无人机携带雷达回波增强器或红外模拟器，模拟空中目标，欺骗敌方雷达和导弹，诱使敌方雷达等电子侦察设备开机，引诱敌方防空兵器射击，掩护己方机群突防。

图 1-12　军事打击无人机

图 1-13　信息对抗无人机

4）通信中继

信息化战争中，通信系统是战场指挥控制的生命线，也是敌对双方攻击的重点。无人机通信网络可以建立强大的冗余备份通信链路，提高生存能力，遭到攻击后，替补通信网络能够快速恢复，在网络中心战中发挥着不可替代的作用。高空长航时无人机扩展了通信距离，利用卫星提供备选链路，直接与陆基终端链接，降低实体攻击和噪声干扰的威胁；作战通信无人机采用多种数据传输系统，各作战单元之间采用视距内模拟数据传输系统，与卫星之间采用超视距通信中继系统，可高速实时传输图像、数据等信息（见图 1-14）。

各类无人机有着自身的优势，也有着自身的缺陷，用户需要结合自身

图 1-14　通信中继无人机

需求和无人机的性能及任务类型来进行无人机的选型和使用。

1.3 无人机的空气动力学原理

1.3.1 空气动力学的概念

最早对空气动力学的研究，可以追溯到人类对鸟或弹丸在飞行时的受力和力的作用方式的种种猜测。17 世纪后期，荷兰物理学家惠更斯首先估算出物体在空气中运动的阻力；1726 年，牛顿应用力学原理和演绎方法得出，在空气中运动的物体所受的力正比于物体运动速度的平方和物体的特征面积及空气的密度。这可以看作空气动力学经典理论的开始。

空气动力学是力学的一个分支，研究飞行器或其他物体在同空气或其他气体做相对运动情况下的受力特性、气体的流动规律和伴随发生的物理化学变化。它是在流体力学的基础上，随着航空工业和喷气推进技术的发展而成长起来的一个学科。

航空要解决的首要问题是如何获得飞行器所需要的升力、减小飞行器的阻力和提高它的飞行速度。这就要从理论和实践上研究飞行器与空气相对运动时作用力的产生及其规律。1894 年，英国的兰彻斯特首先提出无限翼展机翼或翼型产生升力的环量理论和有限翼展机翼产生升力的涡旋理论等，但兰彻斯特的想法在当时并未得到广泛重视。通常所说的空气动力学的研究内容是飞机、导弹等飞行器在各种飞行条件下流场中气体的速度、温度、压力和密度等参量的变化规律，飞行器所受的升力和阻力等空气动力及其变化规律，气体介质或气体与飞行器之间所发生的物理化学变化及传热传质规律等。

1.3.2 大气环境基础知识

1. 大气的组成

大气主要有 3 种成分，即纯干空气、水蒸气及尘埃颗粒。纯干空气含有 78%的氮气和 21%的氧气，余下的 1%由各种其他气体组成，如图 1-15 所示。

2. 大气的分层

大气层没有明显的上限，若以气温变化为基准，则可将大气分为对流层、平流层、中间层、电离层和散逸层 5 层。

1）对流层

地球对流层位于大气的底层，集中了约 75%的大气质量和 90%以上的水汽质量。其

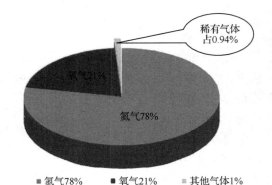

图 1-15 纯干空气的组成

下界与地面相接，上界高度随地理纬度和季节而变化。它的高度因纬度而不同，在低纬度地区平均高度为 16～18 km，在中纬度地区平均高度为 10～12 km，在极地平均高度为 8～9 km，并且夏季高于冬季。对流层是天气变化最复杂的层，飞行中所遇到的各种重要天气变化大部分出现在这一层。

2）平流层

从对流层顶到 50～55 km 高度的一层称为平流层。从对流层顶到 35～40 km 的一层，气温几乎不随高度变化，为-55 ℃左右，故称为同温层；从同温层到平流层顶，气温随高度增高而升高，至平流层顶达-3 ℃左右，又称逆温层。平流层集中了大气中的大部分臭氧，并在 20～25 km 高度上达到最大值，形成臭氧层。平流层中的空气沿铅垂方向的运动较弱，因此气流比较平稳，能见度较好。

3）中间层

中间层又称中层，是指自平流层顶到 85 km 之间的大气层。该层内因臭氧含量低，同时能被氮、氧等直接吸收的太阳短波辐射已经大部分被上层大气所吸收，所以温度垂直递减率很大，对流运动强盛。该层的特点是，随着高度的增加，气温下降，空气有强烈的沿铅垂方向的运动，这一层顶部的气温可低至 160～190 K。

4）电离层

电离层是地球大气的一个电离区域。电离层是受太阳高能辐射及宇宙线的激励而电离的大气高层。60 km 以上的整个地球大气层都处于部分电离或完全电离的状态，电离层是部分电离的大气区域；完全电离的大气区域称为磁层，此层的一个特征是气温随高度的增加而上升，另一个特征是空气处于高度电离的状态。

5）散逸层

散逸层又称"外层""逃逸层"，是热层（暖层）以上的大气层，也是地球大气的最外层。这层空气在太阳紫外线和宇宙射线的作用下，大部分分子发生电离，使质子和氢核的含量大大超过中性氢原子的含量。逃逸层空气极为稀薄，其密度几乎与太空密度相同，故又常称为外大气层。由于空气受地心引力极小，气体及微粒可以从这层飞出地球致力场进入太空。散逸层的上界在哪里还没有一致的看法，而实际上地球大气与星际空间并没有截然的界限。散逸层的温度随高度增加略有增加。

大气的具体分层如图 1-16 所示。

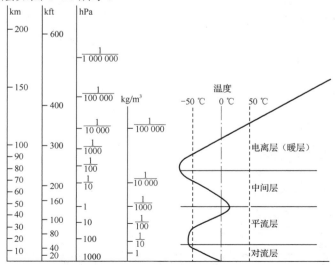

图 1-16　大气的具体分层

3. 大气的特性

随着高度的增加，空气密度和压力均减小，湿度增大，气温近似线性降低。

4. 国际标准大气

飞行器的飞行性能与大气状态的主要参数（温度、密度、压强等）有着密切的关系，大气的物理性质是随着所在地的地理位置、季节和高度而变化的。为了进行飞行器设计、实验和分析，必须建立一个统一的标准，这样才能使得大气物理参数不因地域而异，即标准大气。标准大气是由权威机构颁布的一种模式大气，它依据实测材料，用简化的方程模型近似地表示大气的温度、密度、压强、声压等参数的平均铅垂分布，按照这个公式计算出来的大气参数沿高度的变化排列成表，即为标准大气表。应当注意的是，各地实际大气与标准大气不同，其间总存在着差异，故按标准大气数据设计的航空器和仪表在飞行时会有误差，需依当时的气温、气压、密度进行修正。

国际大气标准（International Standard Atmosphere, ISA）是人为规定的一个不变的大气环境，作为计算和实验飞机的统一的标准。国际标准大气规定如图 1-17 所示。

国际标准规定，以海平面的高度为零，气温为 288.15 K （15 ℃ 或 59 ℉），海平面气压为 760 mmHg，即 1013.2 mbar（毫巴）或 1013.2 hPa（百帕）或 19.92 inHg（英寸汞柱）。对流层高度为 11 km 或 36089 ft，对流层内标准温度递减率为每增加 1000 m 温度递减 6.5 ℃，或每增加 1000 ft 温度递减 2 ℃。11～20 km 的平流层底部气温为常值。

5. 飞行高度

图 1-17 国际标准大气规定

飞行高度是指飞机的重心在空中距离某一基准平面的垂直距离。根据所选平面的不同，飞行高度可以分为绝对高度（True Altitude）、真实高度（Absolute Altitude/Height）、压力高度（Pressure Altitude）和标准大气高度（Elevation）4 种，其表示方法如图 1-18 所示。

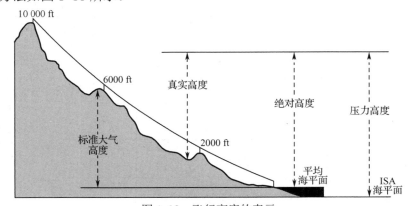

图 1-18 飞行高度的表示

绝对高度是指地面海拔高度，即相对于海平面的高度；真实高度是指相对于地面的高度，又称为相对高度；压力高度是指相对标准气压平面的高度；标准大气高度是指相对海平面的高度。

6. 空气的物理参数

空气的物理参数主要包括密度、温度和压力，这 3 个参数是确定空气状态的主要参数，飞行器空气动力的大小和飞行器性能的好坏都与这 3 个参数有关。

1）空气密度

空气密度是指在一定的温度和压力下，单位体积空气所具有的质量。在标准条件下［0 ℃，1 个标准大气压（1 atm）］，空气密度约为 1.29 kg/m³。空气密度的计算公式如下：

$$\rho = m/V \tag{1-1}$$

式中，ρ 为空气密度，kg/m³；m 为空气质量，kg；V 为空气体积，m³。

由式（1-1）可以看出，空气密度越大，说明单位体积内空气质量越大，即空气的分子数越多，称为空气稠密；空气密度越小，说明单位体积内的空气质量越小，即空气分子数越少，称为空气稀薄。空气密度随高度的增加而减小。

2）空气温度

空气温度即气温，是表示空气冷热程度的物理量。空气温度的高低表示空气中空气分子做不规则热运动平均速度的大小，可以用温度表来测量。

空气温度一般用 t 表示。我国和大多数国家采用的是摄氏温度，单位为摄氏度（℃）；西方的一些国家和地区采用的是华氏温度，单位为华氏度（℉）。摄氏温度和华氏温度可以用下式进行转换：

$$F = \frac{9C}{5} + 32 \tag{1-2}$$

式中，F 为华氏温度；C 为摄氏温度。

3）空气压力

空气压力指空气垂直作用在空气微团表面或物体表面单位面积上的力，单位为帕（Pa）。气体压力是由于气体分子在不断地运动时冲击到物体表面产生的，测量到的气体压力就是气体分子的冲击力。物体表面单位面积所受到的空气压力称为空气压强。

地球的周围有一层空气——大气。空气分子非常活跃，由于地球具有很大的吸引力，因此地球表面的空气不会向宇宙空间逸散。在大气内空气分子越靠近地面时数量越多，越离开地面时数量越少。在低空，分子数目减少，温度降低，空气压强也逐渐减小。

当空气流动时，分子的活动情况有所不同，所以空气压强也有变化。气体流动时，在流动的方向所有的空气分子会有较大的冲击作用，压强加大。这种由于气流流动而形成的压强称为动压强。在大风天感到的风力就是空气的动压力。当气体向一个方向流动时，气体分子向其他方向冲击的平均力便相对减小，作用在平行于气流方向的物体表面上的压强称为静压强。这就是说，气体流动时速度越快，动压强越大，而静压强越小；反之，速度越慢，动压强越小，而静压强越大；气体不动时，静压强最大。这个关系由瑞士数学家伯努利证明并整理为数学公式，通常称为伯努利定律。

7. 空气密度的影响因素

压力、温度和湿度对飞行器有重要的影响，其实就是因为这些因素对空气密度有着直接的影响。

1）压力对空气密度的影响

恒温条件下，密度和压力成正比，如果压力增加，密度也就增加；如果压力降低，密度相应地也会降低。这是因为空气可以被压缩或膨胀，当空气被压缩时，一定的容积可以容纳更多的空气；相反，当一定容积的空气压力降低时，空气就会膨胀而且会占据更大的体积，即空气密度降低。

2）温度对空气密度的影响

在恒定压力条件下，增加一种流体的温度的方法就是降低其密度；相反，降低温度则会增加空气密度。这样，空气密度就和绝对温度成反比关系。

3）湿度对空气密度的影响

在大气中，温度和压力都随高度而下降，密度也随高度增加而下降。空气不是完全干燥的，只不过空气中的少量水蒸气在特定情况下几乎可以忽略。但是在一般条件下，湿度可能成为影响飞行器性能的重要因素。水蒸气比空气密度小，因此湿空气比干空气密度小。在给定的一组条件下，空气包含越多的水蒸气，则其密度也越小。温度越高，空气中能包含的水蒸气就越多。当对比两个独立的空气团时，温暖潮湿（两个因素使空气趋于变轻）的气团相比寒冷干燥（两个因素使得空气变重）的气团密度要小。

1.3.3　大气的物理性质

1. 空气湿度

在一定的温度下，一定体积的空气中含有的水汽越少，则空气越干燥；水汽越多，则空气越潮湿。表示空气中水汽多少，即干湿程度的物理量称为空气湿度。湿度的大小常用水汽压、绝对湿度、相对湿度和露点温度等表示。公众天气预报中最常用的是相对湿度。

绝对湿度是一定体积的空气中含有的水蒸气的质量，其单位一般是 g/m^3。相对湿度是空气中实际水汽含量（绝对湿度）与同温度下的饱和湿度（最大可能水汽含量）的百分比，它只是一个相对数值，并不表示空气中湿度的绝对大小。露点温度指空气在水汽含量和气压都不改变的条件下，冷却到饱和时的温度。形象地说，空气中的水蒸气变为露珠时的温度就称为露点温度。当空气中水汽已达到饱和时，气温与露点温度相同；当水汽未达到饱和时，气温一定高于露点温度。所以，露点与气温的差值可以表示空气中的水汽饱和的程度。

2. 空气压缩性

空气在压强作用下的可压缩程度用弹性模量 E（压强变化量与单位质量空气体积的相对变化量之比）度量。影响空气压缩性的主要因素是气流的流动速度和空气的温度。气流的流动速度越快，空气密度的变化越大（或密度减小得越多），则空气易压缩（或空气的压缩性增大）。空气的温度越高，空气密度的变化越小（或密度减小得越少），则空气不易压缩

（或空气的压缩性减小）。

3. 空气黏性

空气黏度又称空气动力黏度，旧称黏性系数，是表征空气黏性的一个物理量，是分子自由层碰撞抵制剪切变形的能力。空气黏度是空气的一种属性，表征空气黏性的大小。空气黏度的大小与温度关系密切。

空气黏度虽然很小，但对无人飞机来说影响很大，尤其是小型和微型无人机，一定要考虑空气黏性的影响。无人机在空中飞行时，一般空气黏性的作用只是明显地表现在机体表面薄薄的一层空气内，这一薄层空气称为边界层（旧称附面层）。

1.3.4　气流的特性

1. 相对运动原理

作用在无人机上的空气动力取决于无人机和空气之间的相对运动情况，而与观察、研究时所选择的参考坐标无关。这其实是相对运动原理在空气动力学中的应用，假设空气以速度 v 流过静止不动的无人机，那么产生的空气动力与无人机以速度 v 通过平静的空气时所产生的空气动力是完全相同的。空气相对无人机的运动称为相对气流，无人机运动的方向与相对气流的方向相反，如图 1-19 所示。也就是说，只要相对气流的速度相同，产生的空气动力就相等。这样就可以将无人机的飞行转化为空气的流动，从而使空气动力问题的研究大大简化。风洞实验就是根据这个原理建立起来的，如图 1-20 和图 1-21 所示。

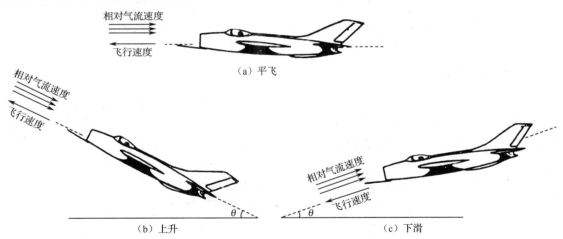

（a）平飞

（b）上升　　　　　　　　　　（c）下滑

图 1-19　无人机的运动方向与相对气流的运动方向

2. 稳定气流、流线、流管和流线谱

空气在流动时，如果空间各点上速度的大小、方向、压力和密度等参数不随时间而改变，则称为稳定气流。如果在空间的某一点上，气流参数随时间而改变，这样的气流就不是稳定气流。气流在稳定流动中，空气微粒流动的路线称为流线。通常把由流线组成的管子称为流管。两条流线之间的距离缩小，即流管变细；两条流线之间的距离扩大，即流管变粗。由许多流线组成的图形称为流线谱，如图 1-22 所示。几种物体的流线谱如图 1-23所示。

图 1-20　直流式风洞

图 1-21　回流式风洞

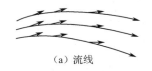

（a）流线

（b）流管

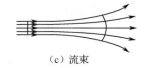

（c）流束

图 1-22　流线谱

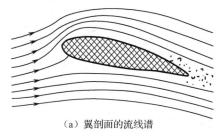

（a）翼剖面的流线谱

（b）圆柱体的流线图

图 1-23　几种物体的流线谱

3. 连续性定理

连续性定理是描述流速与气流截面关系的定理，气流稳定地流过直径变化的管子时，每秒流入的空气量等于流出的空气量。所以，管径粗处的气流速度较小，而管径细处的气流速度较大，$v_1 < v_2$，如图 1-24 所示。

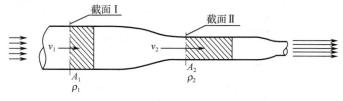

图 1-24　气流在不同管径中的速度

4. 伯努利定理

1738 年，"流体力学之父"伯努利发现了伯努利定理。由不可压、理想流体沿流管做定常流动时的伯努利定理可知，流动速度增加，流体的静压将减小；反之，流动速度减小，流体的静压将增加，但是流体的总压（静压和动压之和）始终保持不变。伯努利定理是飞机起飞原理的根据，在水力学和应用流体力学中有着广泛的应用。另外，由于伯努利定理是有限关系式，常用它来代替运动微分方程，因此其在流体力学的理论研究中也有重要意义。

图 1-25 所示的实验可以定性地说明伯努利定理。当管道中的空气静止时，管道中各处的大气压力相同，都等于此处的大气压力，所以各测压管中指示剂液面的高度都相等，如图 1-25（a）所示。但当空气以某一速度连续稳定地流过管道时，情况就发生了变化，因为流动管道内的空气压力有所下降，所以各测压管中指示剂的液面有所升高，但升高的量不同。管截面最细处的液面升高量最大，而管截面最粗处的液面升高量最小，如图 1-25（b）所示。这是因为在忽略了空气可压缩性的情况下，空气连续而稳定地流过管道，在管截面最细处的速度最快，空气的压力下降得最多；在管截面最粗处的速度最慢，空气的压力下降得最小。

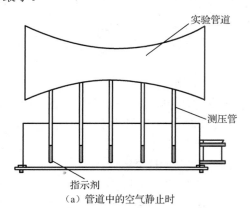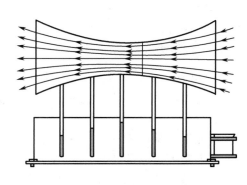

（a）管道中的空气静止时　　　　（b）管道中的空气以某一速度连续稳定地流过管道时

图 1-25　速度与压力的关系实验

通过图 1-25 所示实验可以说明无人机机翼气动升力的产生。当气流流过机翼表面时，由于气流的方向和机翼所采用的翼型在机翼表面形成的流管就像图 1-25 中所示的那样变细或变粗，流体中的压力能和动能之间发生转变，在机身表面形成不同的压力分布，从而产生升力。

5. 无人机的升力与阻力

无人机是怎样在空中飞行的呢？先来做一个小实验，手持一张白纸的一端，由于重力的作用，白纸的另一端会自然垂下。现在将白纸拿到嘴前，沿着水平方向吹气，可以发现白纸不但没有被吹开，垂下的一端反而飘了起来，这是什么原因呢？根据上面所提到的流体力学的原理可知，流动慢的大气压强较大，而流动快的大气压强较小，白纸上面的空气被吹动，流动较快，压强比白纸下面不动的要小，因此将白纸托了起来。

对于固定翼无人机来说，当它在空气中以一定的速度飞行时，根据相对运动的原理，机翼相对于空气的运动可以看作机翼不动，而空气气流以一定的速度流过机翼。由于机翼一般是不对称的，上表面比较凸，而下表面比较平，流过机翼上表面的气流就类似于较窄地方的流水，流速较快；而流过机翼下表面的气流正好相反，类似于较宽地方的流水，流速较上表面的气流慢。根据流体力学基本原理，流动慢的大气压强较大，而流动快的大气压强较小，这样机翼下表面的压强就比上表面的压强高。换句话说，大气施加于机翼下表面的压力（方向向上）比施加于机翼上表面的压力（方向向下）大，二者的压力差便形成了飞机的升力。当无人机的机翼为对称形状，气流沿着机翼对称轴流动时，由于机翼两个表面的形状一样，因此气流速度一样，所产生的压力也一样，此时机翼不产生升力。当对

称机翼以一定的倾斜角（称为攻角或迎角）在空气中运动时，就会出现与非对称机翼类似的流动现象，使得上下表面的压力不一致，从而也会产生升力，如图1-26所示。

无人机在飞行过程中，机体上所受的力是平衡的。无人机所受的重力与其产生的升力平衡，而无人机发动机的作用是克服所受的阻力，推动前进，使得其相对于空气运动，从而产生升力。无人机在高速飞行的同时，还会因为各种原因受到阻力，所受的阻力可以分为摩擦阻力、压差阻力、诱导阻力、干扰阻力和激波阻力等。

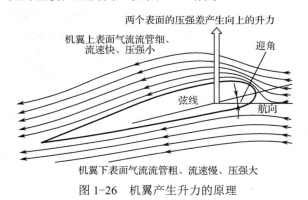

图1-26 机翼产生升力的原理

1）摩擦阻力

当两个物体相互滑动时，在两个物体上就会产生与运动方向相反的力，阻止两个物体的运动，这就是物体之间的摩擦阻力。在空气中飞行时，无人机也会受到空气的摩擦阻力，这个摩擦阻力是由于空气的黏性造成的。当气流流过物体时，由于黏性，空气微团与物体表面发生摩擦，阻滞了气流的流动，这就是物体对空气的摩擦阻力；反之，空气对物体也有摩擦阻力。摩擦阻力是在边界层中产生的，边界层就是紧贴物体表面，流速由外部流体的自由流速逐渐降低到零的那一层薄薄的空气层。边界层中气流的流动情况是不同的，一般机翼大约在最大厚度之前，边界层的气流各层不相混杂而成层地流动，这部分称为层流边界层；在这之后，气流的活动变为杂乱无章，并且出现了漩涡和横向流动，这部分称为湍流边界层。从层流边界层转变为湍流边界层的那一点称为转捩点。

边界层中的摩擦阻力大小与流动情况有很大关系，大量的实践证明，对于层流流动，物体表面受到的摩擦阻力小，而湍流流动对物体表面的摩擦阻力要大得多。在普通的机翼表面，既有层流边界层，又有湍流边界层，所以为了减小摩擦阻力，人们就千方百计地使物体表面的流动保持层流状态，如通过在机翼表面上钻孔，吸除湍流边界层，这样就可以达到减小阻力的目的。另外，提高加工精度，使层流边界层尽量长，延缓甚至抑制转捩点的出现，也可以起到很好的效果，这些都是无人机设计中的层流机翼的概念。物体表面受到的摩擦阻力还与物体的表面积有关系，表面积越大，阻力也越大。因此，在人们试图减小飞行阻力时，减小无人机的尾翼或者机翼的表面积也是一个有效的方法，当然前提条件是保证产生足够的升力和控制力。例如，使用推力矢量技术的无人机，由于发动机推力直接用于飞行控制，尾翼就可以减小或者去除，这样就可以大大减小摩擦阻力。

2）压差阻力

压差阻力是由于运动着的物体前后形成的压强差而产生的，由压强差产生的阻力就是压差阻力。压差阻力同物体的迎风面积、形状和在气流中的位置都有很大的关系。用刀把一个物体从中间剖开，正对着迎风吹来的气流的面积称为迎风面积。如果是从物体最粗的地方剖开的，则该面积称为最大迎风面积。从经验和实验都不难证明，形状相同的物体的最大迎风面积越大，压差阻力也就越大。

物体形状对压差阻力也有很大的影响。把一块圆形的平板垂直地放在气流中，它的前

后会形成很大的压差阻力。平板后面会产生大量的涡流而造成气流分离现象。如果在四边形平板的前面加上一个圆锥体，它的迎风面积并没有改变，但形状变了，平板前面的高压区，被圆锥体填满，气流可以平滑地流过，压强不会急剧升高。显然这时平板后面仍有气流分离，低压区仍然存在，但是前后的压强差大为减少，因而压差阻力降低到原来平板压差阻力的大约 1/5。如果在平板后面再加上一个长的圆锥体，把充满漩涡的低压区也填满，使得物体后面只出现很少的漩涡，压差阻力将会进一步降低到原来平板的 1/25～1/20。这样前圆后尖，表面光滑，与水滴的形状相似的物体称为流线型物体，简称流线体。在迎风面积相同的条件下，它的压差用力最小，这时阻力大部分是摩擦阻力。除了物体的迎风面积和形状外，物体在气流中的位置也会影响压差阻力的大小。

物体上的摩擦阻力和压差阻力合称为迎面阻力。一个物体，究竟哪种阻力占主要部分，这要取决于物体的形状和位置。如果是流线体，那么它的迎面阻力中主要是摩擦阻力；如果形状远离流线体的式样，那么压差阻力占主要部分，摩擦阻力居次要位置，而且总的迎面阻力也较大。

3）诱导阻力

机翼上除了产生摩擦阻力和压差阻力，由于升力的产生，还要产生一种附加阻力。这种由于产生升力而诱导出来的附加阻力称为诱导阻力。可以说，诱导阻力是为产生升力而付出的一种"代价"。当机翼产生升力时，机翼下表面的压力比上表面大，而机翼翼展长度又是有限的，所以下翼面的高压气流会绕过两端翼尖，向上翼面的低压区流去。当气流绕过翼尖时，在翼尖部分形成漩涡，这种漩涡的不断产生而又不断地向后流去即形成了翼尖涡流。由于翼尖涡流的诱导，导致气流下洗，在平行于相对气流方向出现阻碍飞机前进的力，这就是诱导阻力。在实际应用中，平面型机翼的诱导阻力系数与椭圆形机翼相比要大一些，即椭圆形机翼的诱导阻力系数是最小的。

4）干扰阻力

无人机上除了摩擦阻力、压差阻力和诱导阻力，还有一种干扰阻力。无人机的各个部件，如机翼、机身、尾翼等，单独放在气流中所产生的阻力的总和往往小于把它们组成一个整体时所产生的阻力。干扰阻力就是无人机各部分之间由于气流相互干扰而产生的一种额外阻力。无人机各部件之间的平滑过渡和整流包皮，可以有效减小干扰阻力。干扰阻力在无人机总阻力中所占比例较小。

5）激波阻力

激波阻力是无人机在空气中飞行过程中产生的一种较强的阻力，由空气遭到强烈的压缩而形成。超声速飞行器翼身组合体的体积和横截面面积分布对其激波阻力的影响十分显著，合理的机翼和机身横截面面积分布可以显著降低其激波阻力。

1.4　无人直升机的结构及飞行原理

1.4.1　无人直升机的结构

1. 无人直升机的系统组成

无人直升机系统大体上由直升机本体、控制与导航系统、综合无线电系统和任务载荷设备等组成。直升机本体包括旋翼、尾桨、机体、操纵系统、动力装置等。控制与导航系统包括地面控制站、机载姿态传感器、飞控计算机、定位与导航设备、飞行监控及显示系统等。这一部分是无人直升机系统的关键部分，也是较难实现的部分。综合无线电系统包括无线电传输与通信设备等，由机载数据终端、地面数据终端、天线、天线控制设备等组成。任务载荷设备包括光电、红外和雷达侦察设备及电子对抗设备、通信中继设备等。

图 1-27 所示为湖南博联航空技术有限公司研制的 3ZD-10A 型超低空遥控飞行植保无人直升机。针对农业应用需求，其采用无副翼螺旋头、双推杆全轴承尾旋翼头、工业型全密封湿式金属齿轮箱、与发动机性能匹配的降噪排气系统、全铝合金和碳纤维复合材料机身、机载发电系统、电子增稳及植保作业保障系统，具备优良的农药喷洒功能，同时还能用于农作物育种授粉、叶面施肥、病虫害监测等农田作业，质量可靠，性能稳定，其技术参数如表 1-2 所示。

表 1-2　3ZD-10A 型超低空遥控飞行植保无人直升机技术参数

产品型号	3ZD-10A
发动机功率	5.51 kW
最大农药载重量	10 kg
最大作业面积/起降	20 亩（1 亩≈666.7 m^2）
平均离作物高度	0.5～2.0 m
操控模式（3 种模式可切换）	全自主飞行模式、半自主飞行模式、全手动飞行模式
续航时间	20 min
作业飞行速度	4～8 m/s
抗风能力	5 级
工作环境温度	−10～+55 ℃
平均速度	>120 km/h
巡航速度	20～70 km/h
主旋翼设计转速	1300 r/min
最大升限	3000 m

图 1-27　3ZD-10A 型超低空遥控飞行
植保无人直升机

2. 直升机旋翼头的结构类型

目前，应用于无人直升机中的旋翼头结构类型众多，如贝尔操作形式、希拉操作形式、无副翼操作形式、新型无轴承旋翼头等类型。其中，应用较多的旋翼头有贝尔-希拉式旋翼头和无副翼旋翼头。

1）贝尔-希拉式旋翼头

贝尔-希拉式操作形式是目前航模及微小型无人直升机常见的操作形式之一，分为上副翼和下副翼两种类型，如图 1-28 和图 1-29 所示。

无人直升机的副翼即贝尔-希拉小翼，又称伺服小翼，在直升机旋翼系统中具有非常重要的作用：

（1）具有非常重要的陀螺稳定效应。当主旋翼受到微小扰动时，贝尔-希拉小翼具有抗扰动能力，使飞机保持一定的稳定飞行状态。

（2）为主旋盘提供操作力。当打舵操作旋盘时，伺服小翼会首先改变原来的运动状态，从而带动主旋盘的倾转，这样就有效避免了主旋盘强大的交变载荷直接作用到伺服器上。

图1-28　上副翼旋翼头　　　　　　　　　图1-29　下副翼旋翼头

2）无副翼旋翼头

贝尔-希拉式旋翼头虽然解决了遥控直升机操控稳定性的问题，但是其复杂的机械结构隐藏着极大的机械故障风险，遥控直升机机械故障中带副翼系统的旋翼头故障占了绝大部分。这是因为一方面其复杂的结构多采用塑料尼龙材料的球头连杆，极容易出现疲劳磨损现象；另一方面，复杂的结构难于维护检查，更加深了其出现问题的风险概率。

随着科学技术的发展，逐渐出现了仿载人机结构类型的无副翼旋翼头（见图1-30和图1-31）。无副翼旋翼头没有伺服小翼的增稳作用，因此在遥控控制状态较难实现精准的操控，但是高灵敏度微小型三轴陀螺仪的出现解决了无副翼系统静态不稳定结构的控制问题。一方面，无副翼系统采用自动控制增稳功能的陀螺仪系统，在直升机受到微小扰动时能自动修正飞行姿态；另一方面，由于取消了伺服小翼，不但使得主旋盘效率大大提升，而且规避了主要的机械可靠性问题。

图1-30　DFC无副翼旋翼头　　　　　　　图1-31　普通无副翼旋翼头

同时，由于技术的革新，能够承受更大载荷、寿命更长的高性能伺服器的出现解决了无副翼系统中伺服器需承受的巨大交变载荷的问题。

3. 十字盘的结构

直升机的自动倾斜盘简称为倾斜盘，又称十字盘，是一种用于传递操作指令实现总

操纵和周期变距操纵的机械结构，如图1-32所示。

十字盘发明于1911年，其使直升机的复杂操纵得以实现，现已在所有直升机上应用。其构造形式虽有多种，但工作原理基本相同。十字盘一般由与操纵线系相连的不旋转件和与桨叶变距拉杆相连的旋转件组成，不旋转件通过轴承与旋转件相连。由操纵线系输入的操纵量，经过不旋转件转换成旋转件的上下移动和倾斜运动，再由旋转件通过与桨叶变距摇臂相连的桨叶变距拉杆改变桨叶桨距，使旋翼拉力的大小和方向改变，从而实现直升机的飞行操纵。十字盘旋转件的转动由与旋翼桨毂相连的扭力臂带动，十字盘在结构上要保证纵向、横向和总距操纵的独立性。

总距操纵简称总距，即直升机旋翼相对水平面的攻角（迎角）。当需要控制直升机上升或者下降时，操作总距杆上移，此时十字盘总体上移，通过十字盘转动部分连杆的传递作用使桨叶的攻角加大，从而控制飞行器的上升（直升机的旋翼通常是以相对固定的转速工作的，它通过改变旋翼的攻角来改变飞行状态），反之则下降。

周期距操纵简称周期距，又称循环螺距，是指在直升机旋翼做滚转或俯仰操作时，旋翼每旋转一周，旋翼总距的最大变化量。当操纵控制飞机前、后、左、右运动的操作杆时，通过一定的机械结构传动，最终使十字盘相应地前、后、左、右倾斜，达到控制直升机旋盘相应地前、后、左、右倾斜的目的，从而实现控制飞行器的前、后、左、右运动。图1-33所示为直升机自动倾斜装置。

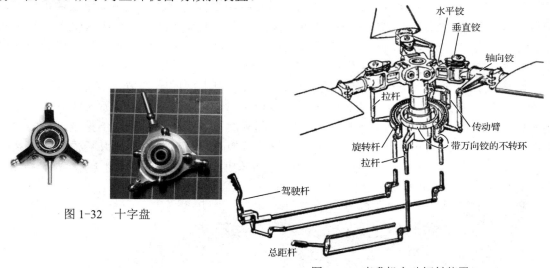

图1-32　十字盘

图1-33　直升机自动倾斜装置

1.4.2　无人直升机的飞行原理

单旋翼无人直升机的旋翼旋转产生升力，并对机身产生反转矩，尾桨旋转产生推力抵消反转矩，如图1-34所示。

当改变无人直升机主旋翼与水平面的夹角时，会使得旋翼拉力与重力不在一条直线上，无人机将以不同的飞行姿态飞行，如图1-35所示。

旋翼在空气中旋转，对周围空气产生一个作用力矩，根据牛顿第三定律，空气必定以大小相等、方向相反的力矩作用于旋翼，然后传到机体上。此时，如果不采取平衡措施，

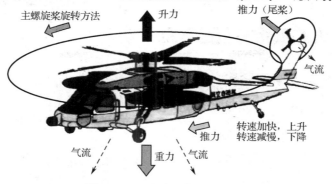

图 1-34　无人直升机飞行原理

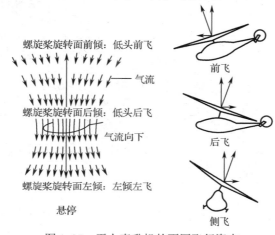

图 1-35　无人直升机的不同飞行姿态

这个反作用力矩会使机体向旋翼旋转的相反方向旋转。为了平衡这个反作用力矩，需要采用不同的直升机布局形式。直升机的布局形式按旋翼数量和布局方式的不同，分为单旋翼直升机、共轴式双旋翼直升机、纵列式双旋翼直升机、横列式双旋翼直升机和带翼直升机等类型，如图 1-36 所示。

（a）单旋翼直升机

（b）共轴式双旋翼直升机

（c）纵列式双旋翼直升机

（d）横列式双旋翼直升机

（e）带翼直升机

图 1-36　直升机的布局形式

1.5 固定翼无人机的结构及飞行原理

1.5.1 固定翼无人机的结构

1. 固定翼无人机的组成

除少数特殊形式的机型外，到目前为止大多数固定翼无人机由机翼、机身、尾翼、起落装置（简称起落架）和动力装置 5 部分组成，如图 1-37 所示。

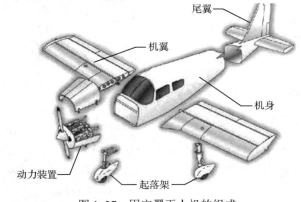

图 1-37　固定翼无人机的组成

1）机翼

机翼的主要功能是产生升力，以支持无人机在空中飞行，同时也起到一定的稳定和操作作用。在机翼上一般安装有副翼和襟翼，操纵副翼可使无人机滚转，放下襟翼可使升力增大。机翼上还可安装发动机起落架和油箱等。不同用途的无人机其机翼形状、大小也各有不同。

2）机身

机身的主要功能是装载武器、货物和各种设备，将无人机的其他部件如机翼、尾翼及动力装置等连接成一个整体。

3）尾翼

尾翼包括水平尾翼和垂直尾翼。水平尾翼由固定的水平安定面和可动的升降舵组成，有的高速无人机将水平安定面和升降舵合为一体成为全动平尾。垂直尾翼包括固定的垂直安定面和可动的方向舵。尾翼的作用是操纵无人机俯仰和偏转，保证无人机能平稳飞行。

4）起落架

无人机的起落架由缓冲支柱和机轮组成，其作用是起飞、着陆滑跑，地面滑行和停放时支撑无人机。

5）动力装置

动力装置主要为无人机提供动力和升力，使无人机前行。需要注意的是，无人直升机除上面提到的几种装置外，根据操作和执行任务的不同会有不同的装置，如各种仪表、通信设备、安全设备等。

2. 固定翼无人机的主要构造特点和分类

1）机翼的构造特点和分类

（1）机翼的主要承力构件：机翼由翼梁、前墙、桁条、翼肋和蒙皮等典型构件组成，如图 1-38 所示。其中，翼梁、前墙、后墙和桁条为机翼的纵向构件，翼肋为机翼的横向构件，纵、横向构件组成骨架；蒙皮则包裹在骨架外面形成机翼型面。

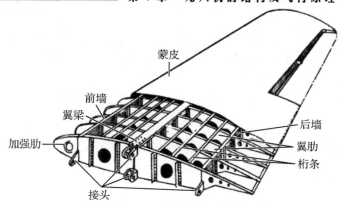

图 1-38　机翼的典型结构元件

（2）机翼的结构形式：任何一种机翼的结构和形状都取决于无人机的尺寸、质量、用途、在飞行和着陆中所要求的速度及爬升率等各种因素。为此，机翼有多种结构形式，根据蒙皮、桁条和翼梁橼条参与承受弯矩的能力，可把机翼分为梁式机翼和整体式机翼。

如果弯矩主要由翼梁橼条承受，这种机翼称为梁式机翼。梁式机翼中，桁条较弱，蒙皮较薄，剪力由翼梁腹板承受，转矩由蒙皮与前、后梁或纵墙腹板形成的盒形结构承受，作用在外翼剖面上的剪力和转矩在机翼根部传给机身加强框。梁式机翼的结构特点是有一根或者数根很强的翼梁，蒙皮很薄，长桁的数量少，而且较弱。根据翼梁的多少，梁式机翼又可以分为单梁式机翼和双梁式机翼两种，如图 1-39 所示。

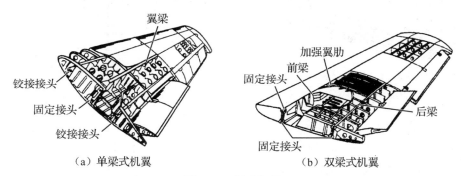

（a）单梁式机翼　　　　　　　　　（b）双梁式机翼

图 1-39　梁式机翼

整体式机翼又可细分为单块式机翼和多腹板式机翼。如果腹板较少，且腹板橼条承受弯矩的能力较弱，则这样的整体式机翼称为单块式机翼，如图 1-40 所示。在单块式机翼中，可以用纵墙代替翼梁，它只承受剪力，转矩由后墙和蒙皮形成的盒形结构来承受，剪力和转矩传给中央翼与机身加强框的连接接头，来自两侧外翼的弯矩在中央翼上自身平衡。单块式机翼的结构特点是翼梁橼条的强度不高，蒙皮较厚，桁条多而且较强。蒙皮和桁条组成了机翼上、下很强的壁板，一起承担总体弯矩。单块式机翼的优点是蒙皮厚，局部刚度和扭转刚度较大，受力构件分散，生存力较强，适用于高速飞机。其缺点是机翼上不便于开口，机翼和机身连接接头比较复杂。多腹板式机翼有较多的纵向梁和墙，其橼条较强，弯矩由橼条和蒙皮共同承受，此种机翼常被超高速飞机采用，在此不做详细介绍。

为了充分利用梁式机翼和单块式机翼的优点，尽量避免它们的缺点，许多无人机的机翼采用梁式和单块式复合结构，即在靠近翼根要开舱口的部分采用梁式结构，其余部分采

用单块式结构。在复合式结构中,单块式部分的受力是分散的,梁式部分的受力是集中的。为了把单块式部分各构件分散承受的力集中起来传递到梁式部分的翼梁上,在单块式结构过渡到梁式结构的部位通常装有一些加强构件,以便把两部分的受力构件很好地连接起来。

2)机身的构造特点

机身的受力构件包括内部的骨架、外部的蒙皮及连接接头。机身的骨架包括沿机体纵轴方向的大梁、桁条和沿横轴方向的隔框,如图1-41所示。

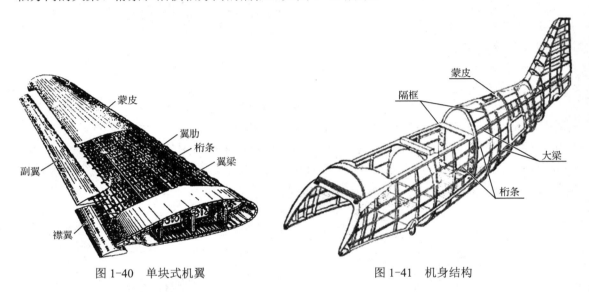

图1-40 单块式机翼   图1-41 机身结构

3)起落架的构造特点和分类

(1)起落架的组成:陆上无人机的起落架一般由受力支柱、减震器、机轮(含制动装置)几部分组成,这些部件按不同的组合方式,可以构成不同的起落架形式。

减震器的作用是吸收着陆和滑跑时的冲击能量,减少冲击载荷,有利于减轻结构质量。受力支柱用来承受地面各个方向的载荷,并作为安装机轮的支持部件。为了充分利用构件,减轻质量,减震器和受力支柱可以合二为一,形成缓冲支柱。

机轮用于满足地面运动,并有一定的减震作用。制动装置安装在机轮上,以减小着陆滑跑距离;同时利用左右机轮不同的制动力,可以使飞机在地面转弯,提高地面机动性。

收放机构用于起落架的收起和放下。飞行时收起起落架以减小阻力,着陆前放下起落架。收放机构同时用于固定支柱,使支柱与机体成为一个整体受力的构件,而不是一个可以运动的机构。

(2)起落架的结构形式:起落架的结构形式取决于无人机类型、尺寸等因素,主要影响结构受力和起落架的收放,可分为构架式、支柱套筒式和摇臂式3类。

构架式起落架如图1-42所示,这种起落架的受力支柱与减震器合为一体,既承受飞机重力,又起缓冲作用,称为缓冲支柱。缓冲支柱的上端与机身的加强框(或机翼加强翼肋)通过连接接头相连,下端则安装滚动式机轮(主轮带制动装置)。这种起落架没有收放机构,所以又称固定式起落架。为了加强缓冲支柱受力的能力,常装有加强支柱。它具有构造简单、质量小的优点，但飞行时会产生阻力，只适用于小型低速无人机。

支柱套筒式起落架与构架式起落架的组成相似，但其有收放系统，属于收放式起落架，其收放作动筒也起加强支柱的作用，防扭臂的作用是防止缓冲支柱的内、外筒相对转动而影响机轮直线滑跑，如图 1-43 所示。支柱套筒式起落架体积小，易于收放，其缺点是只能在缓冲支柱受轴向力时起很好的缓冲作用；而当其受水平撞击时减震，支柱将受弯矩，不能使缓冲支柱受轴向压缩，这就使缓冲作用减小，也会使内、外筒之间产生很大的局部摩擦而磨损密封装置。

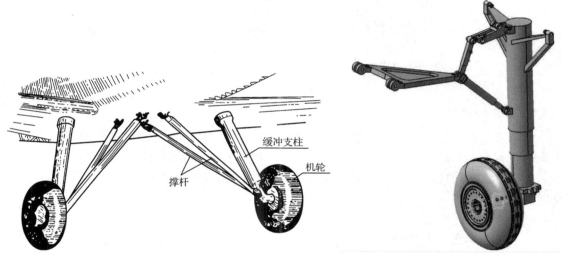

图 1-42　架构式起落架　　　　　　　　图 1-43　支柱套筒式起落架

摇臂式起落架的减震器与受力支柱分开，机轮则通过摇臂与受力减震器相连，故称为摇臂式起落架。摇臂式起落架解决了起落架的水平载荷传递问题，其机轮通过一个摇臂（轮臂或轮叉）悬挂在承力支柱和减震器下面。减震器根据配置不同，可以分为 3 种形式：减震器与受力支柱分开的摇臂式起落架［见图 1-44（a）］，多用作主起落架；减震器与受力支柱合成一体的摇臂式起落架［见图 1-44（b）］，一般用作前三点无人机的前起落；没有受力支柱，减震器和摇臂直接固定在无人机承力构件上的摇臂式起落架［见图 1-44（c）］，一般用作后三点无人机的尾轮支撑机构。摇臂式起落架的机轮无论受正面撞击还是垂直向上的力，均通过摇臂压缩减震器，因而不仅保证了减震器不受弯矩，还提高了缓冲效能。摇臂式起落架的缺点是构造复杂且质量大、连接点多且受力大，不宜用在重型无人机上。

1.5.2　固定翼无人机的飞行原理

无人机自身有一定的重力，要想在天空中飞行，就要求无人机在飞行过程中能产生一种克服自身重力的力，这个力就是升力。固定翼无人机的升力主要靠机翼产生，升力的特性直接决定了无人机的性能。无人机在飞行过程中还会产生阻力，这个阻力主要靠发动机的推力来克服，这样才能保证无人机在空中持续飞行。

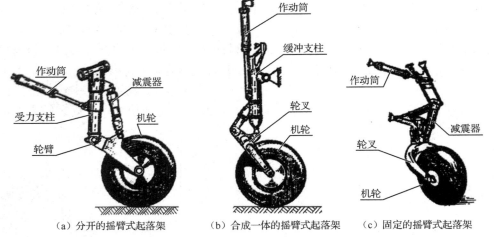

（a）分开的摇臂式起落架　　（b）合成一体的摇臂式起落架　　（c）固定的摇臂式起落架

图 1-44　摇臂式起落架

1. 升力的产生

固定翼无人机和无人直升机都是靠空气动力飞行的，它们的原理其实很相似。机翼上产生的升力大小和机翼的剖面形状有很大关系。机翼的剖面形状又称翼型，是指用沿平行于无人机对称面的切平面切割机翼所得的剖面。为了适应不同的需要，人们研究出了多种翼型，如图 1-45 所示。

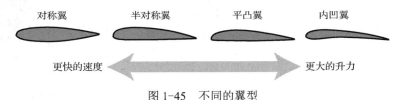

图 1-45　不同的翼型

固定翼无人机升力的产生依托于伯努利定理，在 1.3.4 节中已经介绍过伯努利定理，简单地说就是流体的速度越大，静压力越小；速度越小，静压力越大。对于固定翼无人机来说，机翼上部空气流动速度较快，静压力则较小；机翼下部空气流动速度较慢，静压力较大。两边互相作用，于是机翼被向上推，无人机就飞起来了，如图 1-46 所示。

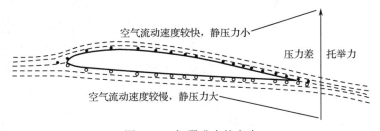

图 1-46　机翼升力的产生

2. 影响固定翼无人机升力的因素

1）空气密度

升力的大小和空气密度成正比，密度越大升力也就越大；当空气很稀薄时，机翼上产生的升力很小。

　2）机翼面积

　无人机的升力主要由机翼产生，而机翼的升力又是由机翼上下翼面的压强差产生的，因此，如果压强差作用的机翼面积越大，则产生的升力也就越大。机翼所产生的升力与机翼的面积成正比。但是应当注意的是，在计算机翼的面积时，要包括与机翼相连的机身的部分面积。

　3）相对速度

　相对速度是指空气和无人机之间的相对速度。相对速度越大，产生的动力越大，机翼上产生的升力也就越大。但升力与相对速度间并不是简单的正比关系，而是升力与相对速度的平方成正比。

　4）机翼的剖面形状和迎角

　机翼的剖面形状和迎角不同，则产生的升力也不同，因为不同的剖面和不同的迎角会使机翼周围的气流流动状态（包括流速和压强）等发生变化，因而导致升力改变。对于早期的无人机，由于人们没有体会到翼型的作用，因此曾采用平板和弯板翼型；后来随着理论研究和实践研究的不断深入，人们已经认识到翼型的重要性和它对升力所起的作用，因此创造了很多适合于各种不同需要的翼型，并通过实验确定出各种不同翼型的空气动力特性。

3. 固定翼无人机的阻力及减阻措施

　低速无人机上的阻力按其产生的原因可分为摩擦阻力、压差阻力、诱导阻力和干扰阻力，无人机进入跨声速之后，还会产生激波阻力，这在本书 1.3 节中已经介绍。

　1）摩擦阻力

　由于空气存在黏性（非理想流体），致使空气与机身表面的黏滞作用直接产生摩擦阻力。空气的黏性和密度越大，摩擦阻力越大。飞行器表面的气流状态是紊流时，也会增加一定的摩擦阻力。飞行器的表面积及表面粗糙度越大，摩擦阻力越大。减小摩擦阻力的方法如下：

　（1）机翼采用层流翼型。因为紊流附面层的摩擦阻力远远大于层流附面层，所以要减小摩擦阻力，就应设法使附面层保持层流状态。层流翼型是使附面层保持层流状态的一种有效翼型。

　（2）在机翼表面安装一些气动装置，不断向附面层输入能量；结构上也可以采用对附面层进行吸气或吹气的措施。加大附面层内气流的流动速度，减小附面层的厚度，使附面层保持层流状态。

　（3）保持机体表面的光滑整洁。附面层的流动状翼表面对气流的任何一个扰动都会使附面层内的流动状态发生改变，转捩点大大提前。所以，在维护修理无人机的工作中，一定要保持机体表面的光滑整洁，特别是在主要的气动力面，如机翼尾翼的前缘、上表面等，要保证机体表面没有污物，没有划伤、凹陷或凸起，要注意埋头铆钉的铆接质量和蒙皮搭接缝的光滑密封等。

2）压差阻力

压差阻力是由于飞行器飞行时各组成部件对气流前后产生的压力差造成的力。压差阻力的大小与部件的迎风面积和形状有关。相对气流的迎面面积越大，压差阻力大。同时，在相同的流速和迎风面积的情况下，不同的外形形状对压差阻力的影响也不同。减小压差阻力的措施如下：

（1）尽量减小无人机机体的迎风面积。例如，在保证装载所需要容积的情况下，为了减小机身的迎风面积，机身横截面的形状应采取圆形或近似圆形。

（2）暴露在空气中的机体各部件外形应采用流线型。

（3）飞行时除了起气动作用的部件外，其他机体部件的轴线应尽量与气流方向平行。

3）诱导阻力

诱导阻力是由于机翼上下存在一定压力差所造成的一种阻力。减小诱导阻力的措施如下：

（1）采用诱导阻力较小的机翼平面形状。椭圆平面形状的机翼诱导阻力最小，其次是梯形机翼，矩形机翼的诱导阻力最大。同时，加大机翼的展弦比也可以减小诱导阻力。

（2）在机翼上安装翼梢小翼。在机翼的翼梢部位安装翼梢小翼或副油箱等外挂物，都可以阻止气流由下翼面向上翼面的流动，从而减弱翼梢漩涡，减小诱导阻力。翼梢小翼在减小诱导阻力和节省燃油加大航程方面有着明显的作用。

4）干扰阻力

干扰阻力是指飞机各部件组合到一起后，由于气流的相互干扰而产生的一种额外阻力。减小干扰阻力的措施如下：

（1）适当安排各部件之间的相对位置。对于机翼和机身之间的干扰来说，中单翼干扰最小，下单翼最大，上单翼居中。

（2）在部件结合部位安装整流罩，使结合部位较为光滑，减小流管的收缩和扩张。

1.6　多旋翼无人机的结构及飞行原理

多旋翼无人机在易用性、可靠性、维护性、续航性和承载性等方面有着很大的优势，因此很长时间内多旋翼无人机在消费市场中都处于优势。另外，随着电池技术、材料技术和电动机技术的不断发展，多旋翼无人机的续航性和承载性会不断地提高，因此多旋翼无人机将在更多的方面表现出色，并且将会成为越来越多消费者的选择。本节将对多旋翼无人机的结构和飞行原理进行详细介绍。

1.6.1　多旋翼无人机的结构

多旋翼无人机出现在 21 世纪初，依靠对若干旋翼的速度调整，实现了无人机的悬停前进运动。引擎和直接安装的螺旋桨是唯一可以活动的部件，使用这种无人机需要对旋翼旋转进行精确的同步调制，只有电动机才能完成这一任务。目前，多旋翼无人机主要有四旋翼无人机、六旋翼无人机和八旋翼无人机等。

多旋翼无人机的组成一般包括机架、起落架、无刷直流电动机（简称无刷电动机）、电

子调速器（简称电调）、电池、螺旋桨、自动驾驶仪、遥控装置、GPS（Global Positioning System，全球定位系统）模块、任务设备及数据链路。

1. 机架

机架是大多数设备的安装载体，也是多旋翼无人机的主体，又称机身。电动机、电调和飞机控制板等都需要安装在机架上面。根据机翼个数的不同，多旋翼又可分为三旋翼、四旋翼、六旋翼、八旋翼等。

1）机架的分类

机架按材料来分，可分为如下几类：

（1）塑胶机架。塑胶机架具有一定的刚度、强度和可弯曲度，价格相对低廉。

（2）玻璃纤维机架。其主要特点是强度比较高，而且需要的材料很少，可以减小整体机架的质量。

（3）碳纤维机架。碳纤维机架的质量较小，且强度和韧性较好，但是价格偏高。

对于多旋翼无人机来说，出于对整机结构强度和质量的考量，一般采用碳纤维机架，如图 1-47 所示。

2）机架的主要作用

（1）提供安装接口。这些接口包括安装和固定电动机、电调、飞机控制板的螺钉孔。

（2）提供整体的稳定坚固的平台。飞行器飞行过程中需要一个稳定坚固的平台，其可以使电动机在转动过程中不会毁坏其他设备，并为传感器的安装提供一个稳定的平台。

（3）起落架等缓冲设备。这些可以为飞行器提供安全的起飞和降落条件，避免损坏其他设备。

（4）通过良好的造型保证足够小的质量。这样就可以给其他设备提供更多的参数选择余量。

2. 起落架

起落架是多旋翼无人机唯一和地面接触的部位，如图 1-48 所示。作为整个机身在起飞和降落时的缓冲部件，为了保护机载设备，起落架应强度高、结构牢固，与机身保持相当可靠的连接，能够承受一定的冲力。一般在起落架前后安装或者涂装上不同的颜色，以便在远距离多旋翼无人机飞行时能够区分多旋翼无人机的前后。

图 1-47　碳纤维机架

图 1-48　起落架

起落架的功能如下：

（1）在起飞与降落时支撑多旋翼及机身，并保持机身的水平平衡。

（2）保证旋翼与地面之间有足够的安全距离，避免螺旋桨与地面发生碰撞。

（3）减弱起飞和降落时的地面效应（下洗气流冲击地面产生的气流干扰）。

（4）消耗和吸收多旋翼在着陆时的冲击能量。

3. 无刷电动机

电动机是多旋翼无人机的动力机构，提供升力和推力等。电动机的转速快慢决定了飞行器可以承载的质量，同时其转速改变的快慢可以影响飞行姿态的变换。无刷电动机去除了电刷，其最直接的变化就是没有了有刷直流电动机运转时产生的电火花，这样就极大地减少了电火花对遥控无线电设备的干扰，如图 1-49 所示。无刷电动机运转时的摩擦力大大减小，运行更顺畅，噪声降低许多。该优点对于模型运行的稳定性是一个巨大的支持。

图 1-49　无刷电动机

无刷电动机的主要参数如下。

1）尺寸

电动机的尺寸取决于定子的大小，在型号名称中用 4 位数字来表示。例如，2212（或写成 22×12）的前 2 位数字 22 代表定子直径（单位为 mm），后 2 位数字 12 代表定子高度（单位为 mm）。因此，2212 电动机表示电动机定子直径为 22 mm，定子高度为 12 mm。也就是说，前 2 位数字越大，电动机越粗；后 2 位数字越大，电动机越高。高大粗壮的电动机的功率较大，适合驱动更大的多旋翼。

2）电动机的 KV 值

无刷电动机的 KV 值［单位为 r/（min·V）］是指在空载（不安装螺旋桨）情况下，外加 1 V 电压得到的电动机转速值（单位为 r/min）。例如，1000 KV 值意味着电动机空载时，当施加电压为 1 V 时，电动机空载转速将达到 1000 r/min。KV 值小的电动机，其绕线更多、更密，能承受更大的功率，所以能产生更大的力矩，可以驱动更大的螺旋桨。相对而言，大 KV 值的电动机产生的力矩小，适合驱动更小的电动机。

3）空载电流

在空载试验中，对电动机施加空载电压（通常为 10V 或 24V）时，测得的电动机电流称为空载电流。

4）最大电流/功率

最大电流/功率是指电动机正常工作情况下能承受的最大电流或者功率。例如，最大连续电流 25 A/30 s 代表电动机最大可在 25 A 的持续电流下安全工作，超过这个电流阈值 30 s 后，电动机可能被烧坏。最大功率的定义与其类似。

4. 电调

电调如图 1-50 所示，可将飞机的控制信号转变为电流信号，即根据自动驾驶仪传输的

PWM（Pulse Width Modulation，脉宽调制）信号来控制电动机的转速。由于自动驾驶仪输出的 PWM 信号非常微弱，无法直接驱动无刷电动机，因此需要电调对信号进行处理和放大，从而驱动电动机。一些电调还可以作为制动器或者稳压电源给遥控器接收机和舵机供电。与一般的电调不同，用来控制无刷电动机的无刷电调还可以充当换相器，把多旋翼无人机上的直流电源转化为可以供给无刷电动机使用的三相交流电源。除此之外，电调还有电池保护和启动保护等其他功能。

图 1-50　电调

电调的主要参数如下。

1）最大持续/峰值电流

最大持续电流和峰值电流是无刷电调非常重要的参数，其常用单位是安培（A），如 10 A、20 A、30 A。不同电动机需要配备不同的电调，不合理的配置会导致电调被烧坏甚至电动机失效。最大持续电流是指在正常工作模式下的持续输出电流，峰值电流是指电调能承受的最大瞬时电流。每个电调都会在型号上标注最大持续电流，如 HobbyWing XRotor 15 A。挑选电调时，要注意留有一定的安全裕度（如 20%的安全裕度），以有效避免功率管被烧坏，如 50 A 的电调一般要留出 10 A 的安全裕度。

2）电压范围

电调能够正常工作所允许输入的电压范围也是非常重要的参数。例如，在电调说明书上可以看到 3-4S LiPo 字样，表示该电调适用于 3～4 节电芯串联的锂聚合物电池，即其正常工作的电压范围为 11.1～14.8 V。

3）内阻

电调都有内阻，通过电调的电流有时可以达到几十安培，所以电调的发热功率不能被忽视。为了减少热能耗散，电调的内阻应当尽可能小。

4）刷新频率

电动机响应速度在很大程度上依赖于电调的刷新频率。在多旋翼无人机得到规模化发展前，电调是专为航模或车模设计的。当时伺服电动机的最大工作频率是 50 Hz，因此电调的刷新频率也定为 50 Hz。理论上来说，电调的刷新频率越高，电动机的响应速度越快。多旋翼无人机需要通过螺旋桨转速的快速变化来改变拉力大小，所以多旋翼无人机电调的刷新频率往往比其他电调要高。此外，为了保证输出信号的平滑性，电调会在输入或输出端加装低通滤波器，但这在一定程度上会影响电调的响应速度。

5. 电池

电池是电动多旋翼无人机的供电装置，给电动机和电子设备供电。最小的电池是 1S，1S 代表 3.7 V。目前，市面上的电池种类很多，其中锂电池和镍氢电池以其优越的性能和低廉的价格成为受人们青睐的动力电池，如图 1-51 所示。

6. 螺旋桨

螺旋桨主要安装在电动机上，多旋翼无人机安装的都是不可变距的螺旋桨，如图 1-52 所示。这里需要注意的是，螺旋桨必须区分正反，四轴飞行是为了抵消螺旋桨的自旋，相邻螺旋桨的旋转方向是不一样的，因此需要正螺旋桨。正反螺旋桨的风都向下吹，适合顺时针旋转的称为正桨，适合逆时针旋转的称为反桨。安装螺旋桨时，应注意无论正反桨，有字的一面是向上的（桨叶圆润的一面要和电动机旋转方向一致）。电动机与螺旋桨的搭配是非常复杂的问题，螺旋桨越大，升力就越大，但对应需要更大功率的电动机来驱动；螺旋桨转速越高，升力越大，电动机的 KV 值越小，转动速度就越大。综上所述，大螺旋桨需要配套低 KV 值的电动机，而小螺旋桨需要配套高 KV 值的电动机。

图 1-51　电池

图 1-52　螺旋桨

7. 自动驾驶仪

自动驾驶仪是多旋翼无人机的核心设备，如图 1-53 所示，其好坏从本质上决定了无人机的飞行性能的优劣。自动驾驶仪包括陀螺仪、加速度计和外部设备接口。

图 1-53　自动驾驶仪

1）陀螺仪

理论上来说，陀螺仪只测试旋转角速度，但实际上所有的陀螺仪都对加速度敏感，而重力加速度在地球上无处不在，并且在实际应用中很难保证陀螺仪不受冲击和震动产生的加速度的影响。所以，陀螺仪对加速度的敏感程度非常重要，因为震动敏感度是最大的误差源。两轴陀螺仪仅能起到增稳作用，三轴陀螺仪仅能够自稳。

2）加速度计

加速度计一般为三轴加速度计，用来测量三轴加速度和重力。多旋翼无人机自动驾驶仪完成的主要功能如下：

（1）处理来自遥控器或自动控制的信号。自动驾驶仪需要识别遥控器或自动控制的信号，完成要求的飞行姿态或其他指令。

（2）控制电调。飞控系统给电调发送信号，调节电动机的转速，实现控制改变飞行姿态的功能。

（3）可通过一些机载的测量元件反馈信号，在没有任何人为控制的情况下控制电调的输出信号，以保持多旋翼无人机的稳定状态。

8．遥控装置

遥控设置包括遥控器和接收机，接收机安装在无人机上，一般按照通道数将遥控器分为六通道、八通道、十四通道遥控器等，对于通道的概念在第 2 章会有详细介绍。

9．GPS 模块

GPS 模块测量多旋翼无人机当前的经纬度、高度、航迹方向、地速等信息。一般在 GPS 模块中还会包含地磁罗盘（三轴磁力计），用来测量无人机当前的航向。

10．任务设备

目前使用最多的任务设备就是云台，常用的有两轴云台和三轴云台，作为照相机或摄像机的增稳设备，提供两个方向或三个方向的稳定控制。

11．数据链路

数据链路包括数字传输和图像传输。数字传输指地面控制站（笔记本计算机或手机数据终端）与飞控系统之间的数据信息传输。图像传输指接收机载照相机或摄像机拍摄的图像，一般延迟为几十毫秒。目前也有高清的数字图像传输，其传输速率和清晰度都有很大的提高。

1.6.2　多旋翼无人机的飞行原理

市面上的多旋翼无人机种类很多，但是主流的产品是四旋翼无人机，本节将以常见的四旋翼无人机为例来介绍。四旋翼无人机的控制原理是，当没有外力并且重力分布平均时，4 个螺旋桨以一样的转速转动；当螺旋桨向上的拉力大于整机的重力时，四轴就会向上升；当拉力与重力相等时，四轴可以在空中悬停。在四轴的前方受到向下的外力时，前方电动机加快转速，以抵消外力的影响而保持水平。同样，其他几个方向受到外力时，四轴也可以通过这种动作保持水平。当需要控制四旋翼无人机向前飞时，前方的电动机减速，而后方的电动机加速，这样，四轴就会向前倾斜，也相应地向前飞行。同样，四旋翼无人机向左、向右、向后飞行的原理与之类似。

当要控制四旋翼无人机的机头方向顺时针转动时，四轴同时加快左右电动机的转速，并同时降低前后电动机的转速。因为左右电动机是逆时针转动的，且左右电动机的转速一样，所以左右保持平衡；而前后电动机是顺时针转动的，且前后电动机的转速也一样，所以前后左右都可以保持平衡。同时，飞行高度也可以保持，但是逆时针转动的力比顺时针大，所以机身会反方向转动，从而实现机头方向的控制。这也是四旋翼无人机使用两个反桨和两个正桨的原因。

旋翼越多，无人机越稳定，因为如果旋翼数量众多，那么阵风刮来的方向就有更大可能存在旋翼来对抗阵风。

四旋翼无人机在空间共有 6 个自由度。这 6 个自由度通过调节不同电动机的转速来实现，基本运动状态为垂直运动、俯仰运动、滚转运动、偏航运动、前后运动和侧向运动。

1. 垂直运动

同时增加 4 个电动机的输出功率，旋翼转速增加，使得总的拉力增大，当拉力足以克服整机的重力时，四旋翼无人机便离地垂直上升；反之，同时减小 4 个电动机的输出功率，四旋翼无人机则垂直下降，直至平衡落地，实现了沿 Z 轴的垂直运动，如图 1-54 所示。当旋翼产生的升力等于无人机的自重时，无人机便保持悬停状态。

2. 俯仰运动

电动机 1 的转速上升，电动机 3 的转速下降，电动机 2、电动机 4 的转速保持不变。由于旋翼 1 的升力增大、旋翼 3 的升力减小，产生的不平衡力矩使机身绕 Y 轴旋转。同理，当电动机 1 的转速减小、电动机 3 的转速增大时，机身便绕 Y 轴向另一个方向旋转，实现四旋翼无人机的俯仰运动，如图 1-55 所示。

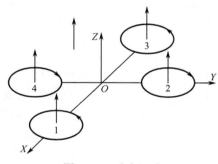

图 1-54　垂直运动

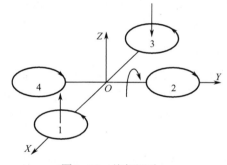

图 1-55　俯仰运动

3. 滚转运动

改变电动机 2 和电动机 4 的转速，电动机 1 和电动机 3 的转速不变，则可使机身绕 X 轴旋转（正向和反向），实现四旋翼无人机的滚转运动，如图 1-56 所示。

4. 偏航运动

旋翼转动过程中由于空气阻力作用，会形成与转动方向相反的反转矩。为克服反转矩的影响，可使 4 个旋翼中的两个正转、两个反转，且对角线上的各个旋翼转动方向相同。反转矩的大小与旋翼转速有关，当 4 个电动机转速相同时，4 个旋翼产生的反转矩平衡，四旋翼无人机不发生转动。当 4 个电动机转速不完全相同时，不平衡的反转矩会引起四旋翼无人机转动。当电动机 1 和电动机 3 的转速增大，电动机 2 和电动机 4 的转速减小时，旋翼 1 和旋翼 3 对机身的反转矩大于旋翼 2 和旋翼 4 对机身的反转矩，机身便在富余反转矩的作用下绕 Z 轴转动，实现四旋翼无人机的偏航运动，转向与电动机 1、电动机 3 的转向相反，如图 1-57 所示。

5. 前后运动

要想实现四旋翼无人机在水平面内的前后、左右运动，必须在水平面内对四旋翼无人

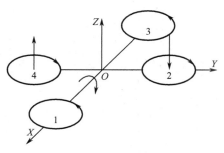

图1-56 滚转运动

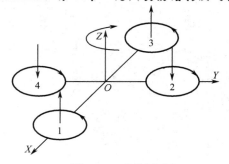

图1-57 偏航运动

机施加一定的力。增加电动机 3 的转速，使拉力增大；相应减小电动机 1 的转速，使拉力减小；同时保持其他两个电动机转速不变，反转矩仍然保持平衡。按俯仰运动的理论，四旋翼无人机首先发生一定程度的倾斜，从而使旋翼拉力产生水平分量，因此可以实现四旋翼无人机的前运动。向后飞行与向前飞行正好相反，如图 1-58 所示。

6. 侧向运动

由于结构对称，因此侧向飞行的工作原理和前后运动的原理完全相同，如图 1-59 所示。

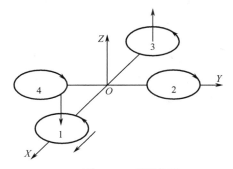

图1-58 前后运动

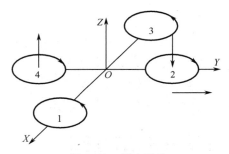

图1-59 侧向运动

习题1

1. 无人机按飞行平台构型来分类有哪些？
2. 无人机与航模的主要区别有哪些？
3. 简述无人机在民用领域的应用。
4. 无人机的性能指标有哪些？
5. 大气是如何分层的？
6. 升力和阻力是怎样产生的？
7. 简述无人直升机的飞行原理。
8. 简述固定翼无人机的组成及各部分功能，总结影响固定翼无人机升力的因素。
9. 固定翼无人机增升原理有哪几种方式？
10. 简述多旋翼无人机的飞行原理。

第2章

无人机的动力系统及通信系统

动力系统及通信系统是至关重要的，它直接影响无人机的使用性能。因此，希望读者能够切实熟练地掌握无人机的动力系统及通信系统。通过本章的学习，读者将会掌握以下内容：

● 无人机动力系统的重要组成部分，以及这些部分的作用；

● 无人机通信系统的重要组成部分，以及相对应的地面站设备。

2.1 无人机的动力系统

动力系统通常包括螺旋桨、电动机、电调及电池。动力系统是多旋翼无人机最重要的组成部分，决定了多旋翼无人机的主要性能，如悬停时间、载重能力、飞行速度和飞行距离等。动力系统的部件之间需要相互匹配和兼容，否则可能导致无人机无法正常工作，甚至在某些极端情况下可能突然失效而导致事故的发生。例如，在某些条件下，飞手的一个过激操作可能让电调电流超过其安全阈值而使电动机停转，这在飞行过程中是非常危险的。

2.1.1 螺旋桨

本节将继续以四旋翼无人机为例对螺旋桨做进一步的讲解。

1. 螺旋桨的功能

螺旋桨是直接产生多旋翼无人机运动所需的力和力矩的部件。考虑到电动机效率会随输出转矩（取决于螺旋桨的型号、尺寸和转速等）的变化而变化，合理匹配的螺旋桨可以使电动机有更高效的工作状态，从而保证在产生相同拉力的情况下消耗更少的能量，进而提高续航时间。因此，选择合适的螺旋桨是提高多旋翼无人机性能和效率的一种直接、有效的方法。

2. 螺旋桨的主要参数

1）型号

一般而言，螺旋桨型号由 4 位数字来描述，如 1045（或写作 10×45），其中前 2 位数字 10 代表螺旋桨的直径 [单位为英寸（in），1 in≈25.4 mm]，后 2 位数字 45 表示螺旋桨的螺距为 4.5（又称桨距，单位为 in）。因此，标注 APC1045 的螺旋桨表示其品牌是 APC，直径是 10 in，螺距是 4.5 in。螺旋桨的螺距定义为"螺旋桨在一种不能流动的介质中旋转，旋转一圈时螺旋桨前进的距离"。例如，一个螺距为 21 in 的螺旋桨表示其旋转一圈前进 21 in。

2）弦长

弦长的定义如图 2-1 所示，由于弦长随着径向位置的不同会有区别，因此一般选择螺旋桨半径 2/3 处的弦长作为螺旋桨的标称弦长。

图 2-1　弦长的定义

3）转动惯量

转动惯量是描述一个刚体绕轴转动时惯性的量度，其计算方式是刚体上每个点的质量与其到刚体转轴距离的平方乘积的总和。较小的转动惯量可以提升电动机的响应速度，从而提升多旋翼无人机的控制效率和性能。

4）桨叶数量

实验表明，对于特定的螺旋桨，桨叶数量增大，其无人机的最大拉力也会增大，但是效率会有所降低。不同桨叶数量的螺旋桨如图 2-2 所示。

图 2-2　不同桨叶数量的螺旋桨

5）安全转速

多旋翼无人机的螺旋桨通常具有一定的柔性，当转速超过一定值时，螺旋桨就会发生变形而导致效率降低。通常在计算最大安全转速时，应考虑各种极端情况。根据经验，对常规系列的多旋翼螺旋桨，半直径为 1 in 时，其最大桨速为 105 000 rad/min；当直径为 10 in 时，其最大桨速为 10 500 rad/min；而对慢飞（SL）系列螺旋桨；当直径为 1 in 时其最大桨速为 65 000 rad/min。

6）力效

力效（单位为 g/W）又称效率，是评估能量转换效率的一个非常重要的指标。螺旋桨力效的定义如下：

$$机械功率（W）=转矩（N·m）×螺旋桨转速（rad/s）$$
$$力效（g/W）=拉力（g）/机械功率（W）$$

7）材料

制作螺旋桨的材料包括碳纤维、塑料、木头等，它们的密度、效率及成本差异较大，用途也不同。例如，碳纤维螺旋桨的成本约为塑料螺旋桨的 2 倍，但其有以下优势：①刚性高，因此震动和噪声小；②质量更小，强度更高；③更适合高 KV 值的电动机。然而，当多旋翼无人机坠机时，刚性高的桨叶会使电动机受到更大的冲击，同时锋利的桨叶就像高速旋转的刀片，对周围人的人身安全产生极大的威胁，存在安全隐患。木质螺旋桨更笨重、价格更高，适用于制作有较大载重能力的多旋翼无人机。

2.1.2　电动机

电动机由电动机主体和驱动器组成，是一种典型的机电一体化产品，在整个飞行系统中起到提供动力的作用。本节主要介绍无人机使用的无刷电动机，如图 2-3 所示。

图 2-3　无刷电动机

1. 无刷电动机的功能

无刷电动机具有多种优势，如效率高、体积小、制造成本低等。多旋翼无人机选用的电动机以无刷电动机为主，其主要作用是将电池存储的电能转化为驱动桨叶旋转的机械能。根据转子的位置，无刷电动机可以分为外转子电动机和内转子电动机。与内转子电动机相比，外转子电动机可以提供更大的力矩，因此更容易驱动大螺旋桨，获得更高的效率。外转子电动机的速度更稳定，适用于多旋翼无人机和其他飞行器。

2. 无刷电动机的工作原理

无刷电动机是采用半导体开关器件来实现电子换向的，即用电子开关器件代替传统的接触式换向器和电刷。它具有可靠性高、无换向火花、机械噪声低等优点，在无人机领域得到了广泛的应用。

无刷电动机由永磁体转子、多极绕组定子、位置传感器等组成。位置传感器按转子位置的变化，沿着一定次序对定子绕组的电流进行换流（检测转子磁极相对定子绕组的位置，并在确定的位置处产生位置传感信号，经信号转换电路处理后控制功率开关电路，按一定的逻辑关系进行绕组电流切换）。定子绕组的工作电压由位置传感器输出控制的电子开关电路提供。

位置传感器有磁敏式、光电式和电磁式 3 种类型。

采用磁敏式位置传感器的无刷电动机，其磁敏传感器件（如霍尔元件、磁敏二极管、磁敏晶体管、磁敏电阻器或专用集成电路等）安装在定子组件上，用来检测永磁体、转子旋转时产生的磁场变化。

采用光电式位置传感器的无刷电动机在定子组件上按一定位置配置了光电传感器件，转子上装有遮光板，光源为发光二极管或小灯泡。转子旋转时，由于遮光板的作用，定子上的光敏元器件将会按一定频率间歇产生脉冲信号。

采用电磁式位置传感器的无刷电动机在定子组件上安装了电磁传感器件（如耦合变压器、接近开关、LC 谐振电路等），当永磁体转子位置发生变化时，电磁效应将使电磁传感器产生高频调制信号（其幅值随转子位置而变化）。

应用于无人机上的无刷电动机，电调在接收到自动驾驶仪发送的 PWM 控制信号后，经过图 2-4 所示的驱动电路进行放大，再送至逆变器各功率管，沿着一定次序输送给电动机定子上的各个绕组，对绕组上的电流进行换流，从而在电动机气隙中产生跳跃式旋转磁场。无刷电动机的主电路主要有星形连接三相半桥式、星形连接三相桥式和三角形连接三相桥式 3 种形式。其中，星形连接三相桥式主电路的应用最多。位置检测器的 3 个输出信号通过逻辑电路控制这些开关管的导通和截止，其控制方式有两种，即二二导通方式和三三导通方式。转子每转过 60°，逆变器开关管换流一次，同时定子的磁状态改变一次。电动机有 6 个磁状态，三相各导通 120°。

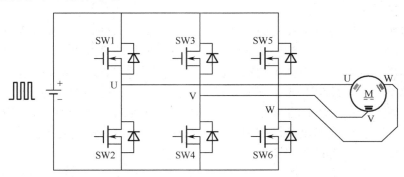

图 2-4　无刷电动机电调驱动电路

2.1.3　电调

在整个飞行系统中，电调主要提供驱动电动机的指令，用以控制电动机，完成规定的速度和动作等，如图 2-5 所示。

1. 电调的种类

与电动机的有刷和无刷相对应，电调可分为有刷电调和无刷电调。

1）有刷电调

有刷电调用来控制有刷电动机的转速。由

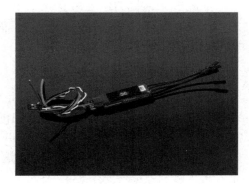

图 2-5　电调

于有刷电调的弊端较多，因此现在基本不使用。

2）无刷电调

无刷电调用来控制无刷电动机的转速。到目前为止，无刷电调已历经了三代。前两代分别为方波驱动电调和正弦波驱动电调；而现在多用的是第三代，即以 PMS（Permanent Magnet Synchronous，永磁同步）电动机为控制对象的 FOC（Field Oriented Control，磁场定向控制）电调。其速度低且性能优良，能够满足重载高性能无人机的动力需求。

2. 电调的硬件特征

电调采用无传感器方式。

（1）兼容无刷电动机的方波驱动及永磁同步电动机的磁场定向驱动。

（2）具有过电流、过电压、欠电压、堵转、过热等多种保护。

（3）具有三相及母线电流、电压、功率管温度检测。

（4）采用 FOC 驱动方式时转矩大、效率高。

3. 电调的软件创新

（1）在线电动机参数识别，包含三相绕组电感、电阻、漏感及电动势系数。

（2）绕组动态参数校正。

（3）转子初始位置检测，支持大负载零速启动。

4. 电调的控制方式

现阶段市面上的航模及无人机的电调都以驱动无刷电动机为主，而无刷电动机常用的控制方式有方波控制和矢量变频控制两种方式。方波控制的方式简单直接，硬件结构也相对简单，成本相对较低，但仍存在转矩脉冲大、启动不稳定、运行噪声大等问题。由于前些年行业要求不高，因此电调的控制方式以方波控制为主。随着技术的发展，以及半导体器件的不断更新，一些高性能的 MCU（MicroController Unit，微控制单元）和驱动器件成本越来越低，使得高性能的电动机控制方式在航模电调中应用成为可能。许多航模厂商也开始尝试将性能更加优越的矢量变频技术运用到航模及无人机的电动机控制中。

2.1.4 电池

多旋翼无人机的供电装置就是电池，电池为无人机上的电动机和电子设备供电，如图 2-6 所示。

1. 无人机锂离子电池

以大疆无人机为例，一块额定电流为 5000 mA 左右的无人机电池售价在 1000 元左右，而平时用的额定电流为 20 000 mA 的充电

*图 2-6　电池

宝的价格也就一两百元，为什么差别这么大？把额定电流为 20 000 mA 的充电宝电池用到无人机上续航不是更久？这是因为无人机采用的聚合物锂离子电池（也称锂聚合物电池）

和充电宝所采用的 18 650 电池有所不同，之所以价格要贵很多，是因为相比于其他数码设备，无人机对电池的要求更为严格。从性能方面来说，无人机需要克服自身的重力做功，因此对于电池的质量要求较高，而增大电池容量会导致质量增加，故只有同样容量下质量较小的聚合物锂离子电池能够满足需要。另外，无人机对电池功率的要求特别高，当无人机从悬停状态迅速加大油门到最高速度时，无人机对电池的功率要求会迅速提高，这样的功率需求变化只有聚合物锂离子电池能够满足。即使是采用聚合物锂离子电池，其在无人机上的损耗也非常快。例如，大疆精灵 4 一块 5800 mA·h 的电池，其容纳的能量达到 89 W·h，而这样一块 5800 mA·h 的电池只能支撑 30 min 的飞行时间。聚合物锂离子电池长期在这种工作环境下，损耗非常快，并且短时间内快速放电也会导致电池温度快速升高，这些都使得无人机电池需要更进一步的安全保护。大疆无人机的电池均称为智能飞行电池，这是因为除聚合物锂离子电池外，该电池上还具备更多的部件。首先，为保护电池能长时间安全工作，电源管理系统能够对电池进行充/放电保护，能够始终让电池工作在安全的范围内；其次，如果电池长期满容量搁置会对电池寿命产生影响，大疆智能飞行电池内置有电池存储自放电保护，在长时间搁置情况下能够自动放电，延长电池的使用时间。这一套技术类似于特斯拉电源管理系统的精简版。

2. 电池的参数

电池的基本参数包括电压、容量、内阻和放电倍率。无人机专用的聚合物锂离子电池单节电芯的标称电压是 3.7 V，充满电可达 4.2 V。为了获得足够的电压和容量，厂商通常将电芯串/并联在一起组成电池组。在实际应用中，电池电压会随着电池放电而逐渐降低。研究表明，在某一范围内，电池的输出电压与剩余容量呈线性关系。而在电池放电后期，电池电压急速下降，这会导致多旋翼的拉力迅速减小。因此，为了保证多旋翼无人机可以安全返航，设置一个电池电压的安全阈值是非常必要的。除此之外，由于电池的输出电流非常大，内阻分压作用明显，实际输出电压会低于标称值。电池过度放电会造成电池不可逆转的损坏，因此使用时应该特别注意。

1）电池连接

电芯串联可以得到更大的电压而电池容量保持不变，电芯并联可以获得更大的容量而电压保持不变。通过电芯的合理串/并联组合，可以得到满足实际飞行需求的电池组。通常，用字母 S（Series）表示电芯的串联数，用字母 P（Parallel）表示电芯的并联数。如图 2-7 所示，假设单节电芯电压为 3.7 V，容量为 100 mA·h，则 3S1P 表示 3 块电池串联，其总电压为 11.1 V，容量仍为 100 mA·h；2S2P 表示 4 块电池电芯经过两两串联再并联，其总电压为 7.4 V，容量为 200 mA·h。

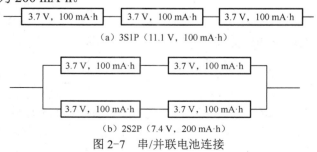

（a）3S1P（11.1 V，100 mA·h）

（b）2S2P（7.4 V，200 mA·h）

图 2-7　串/并联电池连接

2）电池容量

mA·h 和 A·h 是常见的用来描述某一个电池所容纳电量的单位。5000 mA·h 的电池容量表示电池以 5000 mA 的电流放电可以放电 1 h（对于锂电池来说，对应的电芯电压从 4.2 V 下降到 3.0 V）。随着放电过程的进行，放电能力和输出电压都会慢慢降低，因此剩余电池容量并不是关于放电时间的严格的线性函数。在实际多旋翼无人机飞行过程中，检测剩余容量是否满足飞行安全要求的方法有两种：一种是检测电池的电芯电压，该方法应用比较广泛，可通过传感器实时检测电池电压，衡量电池剩余容量的大小；另一种是实时检测电池的荷电状态值，因该方法较难实现，且相应传感器尚未普及而很少使用。

3）放电倍率

放电电流的大小常用放电倍率来表示，即

$$放电倍率（C）=放电电流（mA）/容量（mA·h）$$

例如，额定容量为 100 mA·h 的电池用 20 mA 的放电电流放电时，其放电倍率为 0.2 C。电池放电倍率是对放电快慢的一种量度指标。容量为 5000 mA·h 且最大放电倍率为 20 C 的电池，其最大放电电流为 5000 mA·h×20 C=100 A。

多旋翼无人机瞬时消耗的总电流大小不能超过其电池的最大电流限制，否则可能烧坏电池。高放电倍率的电池可以输出更大的电流，可用于更高功率需求的多旋翼无人机（装配的电动机数更多或者电动机功率更大）。

4）内阻

电池内阻并不是一个固定值，它会随着电池状态和使用寿命的变化而变化。可充电电池最初的内阻相对来说比较小，然而经过很长一段时间的使用之后，由于电池里电解液的耗散和化学物质活性的降低，电池内阻会逐渐增加。与此同时，电池电压也逐渐降低，直到电池不能正常放电，这时电池就变为废电池了。

2.2 无人机的通信系统

2.2.1 遥控器

遥控器［见图 2-8（a）］用于发送飞手的遥控指令到相应的接收器［又称接收机，如图 2-8（b）所示］，接收器解码后再传给自动驾驶仪，从而控制多旋翼无人机做出各种飞行动作。遥控器上还提供了一些自定义的设置项，如油门的正反、摇杆灵敏度大小、舵机的中立位置调整、通道的功能定义、飞行时间记录与提醒、拨杆功能设定等。

1. 遥控器的结构

多旋翼无人机的遥控系统由遥控器和接收器共同组成，图 2-9 所示为无人机遥控器各部位的结构。

2. 遥控器的通道

一个通道对应一个独立的动作，遥控器一般分为六通道、八通道、十通道或者更多。多旋翼无人机在控制过程中需要控制的动作通道有油门、偏航、俯仰和滚转，所以多旋翼

（a）遥控器　　　　　　　　　（b）接收器

图 2-8　无人机的遥控器和接收器

无人机遥控器最少需要四通道遥控器。通常，模态切换和云台控制等也会占用一定的通道数，因此推荐使用至少八通道遥控器。

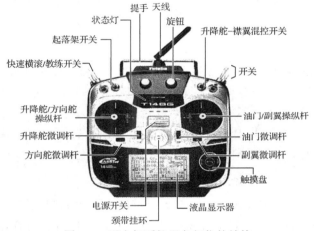

图 2-9　无人机遥控器各部位的结构

3. 遥控器的模式

遥控器的模式是指遥控杆对应的控制通道的设置，即遥控杆与多旋翼无人机动作的对应关系。例如，在图 2-10 中，国内常说的"日本手"模式（也称右手油门模式）是指左手摇杆控制俯仰和偏航，右手摇杆控制油门和滚转，这种模式更适合操控固定翼；"美国手"模式（也称左手油门模式）是指左手摇杆控制油门和偏航，右手摇杆控制俯仰和滚转，这种模式常在北美地区使用；"中国手"模式正好是前面两种模式的混合，而这种模式更适合操控多旋翼无人机。

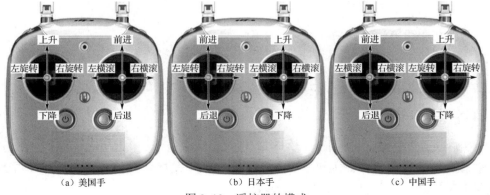

（a）美国手　　　　　　　　（b）日本手　　　　　　　　（c）中国手

图 2-10　遥控器的模式

2.2.2 自动驾驶仪

多旋翼无人机的自动驾驶仪是一种用于控制多旋翼无人机飞行姿态、位置和飞行轨迹的飞行控制系统，其可以设置为两种模式，一种为飞手实时遥控的半自主控制方式，另一种为全自动控制方式。

1. 自动驾驶仪的组成

多旋翼无人机自动驾驶仪分为软件部分和硬件部分，具体介绍如下。

1）GPS

GPS 内含 GPS 模块和指南针，其中 GPS 模块用于得到多旋翼无人机的位置信息，指南针用于测量地磁场。

2）惯性测量单元

惯性测量单元（Inertial Measurement Unit，IMU）包括三轴加速度计、三轴陀螺仪、三轴电子罗盘（或磁力计），作用是得到多旋翼无人机的姿态信息。市面上常说的六轴 IMU 包含三轴加速度计和三轴陀螺仪，九轴 IMU 则包含三轴加速度计、三轴陀螺仪和三轴磁力计，而十轴 IMU 是在九轴 IMU 基础上多了气压高度计。气压高度计、超声波测量模块的作用分别是得到多旋翼无人机的绝对高度、相对高度信息。

3）电源管理单元

电源管理单元（Power Management Unit，PMU）是一种高度集成的、针对便携式应用的电源管理方案，即将传统分立的若干类电源管理芯片等器件整合在单个封装之内，这样可实现更高的电源转化效率和更低的功耗，以及更少的组件数，以适应缩小的板级空间。自动驾驶仪的 PMU 内置双路去电池电路（Battery Elimination Circuit，BEC），PW 端口为整个自动驾驶仪供电（对外供电能力不超过 2 A）；PX 端口提供了一路 3 A、5 V 的电源，以及低电压保护功能。

4）指示灯

指示灯用于在飞行过程中指示自动驾驶仪的姿态（如控制模式）。

5）微型计算机

微型计算机提供算法计算平台。

6）接口

接口用于与各种传感器和电调、通信设备等连接。

2. 自动驾驶仪的作用

1）导航

导航就是解决"多旋翼无人机在哪"的问题。如何发挥各自传感器的优势，得到准确的位置和姿态信息，是自动驾驶仪控制的首要任务。

2）控制

控制就是解决"多旋翼无人机怎么去"的问题。首先得到准确的位置和姿态信息，之后根据任务，通过算法计算出控制量，输出给电调，进而控制电动机转速。

3）决策

决策就是解决"多旋翼无人机去哪儿"的问题。去哪儿可能是操作手决定的，也可能是为了安全，按照规定流程的紧急处理方案。

3. 开源自动驾驶仪

目前，有很多开源的多旋翼无人机自动驾驶仪，开源自动驾驶仪示例如图 2-11 所示。

图 2-11　开源自动驾驶仪

2.2.3　地面站

地面站就是在地面的基站，其可以分为单点地面站或者多点地面站，如民航机场就是地面站。全国甚至全球所有的地面站都在时时联网，它们能够清楚地知道天上在飞行的无人机，并能实时监测到无人机当前的飞行路线和状况，以及无人机的实时调度等。目前使用的无人机大部分是单点地面站，单点地面站一般由一到多个人值守，由技术人员、场务人员、后勤人员、通信员和指挥员等组成。

地面站一般由遥控器、计算机、视频显示器、电源系统和电台等设备组成，简单来说，就是一台计算机（手机、平板计算机）、一个电台和一个遥控器。计算机（手机、平板计算机）上装有控制无人机的软件，通过航线规划工具规划无人机飞行的线路，并设定飞行高度、飞行速度、飞行地点、飞行任务等。通过数据口连接的数据传输电台将任务数据编译传送至自动驾驶仪中。图 2-12 所示为一个小型的无人机地面站。

图 2-12　小型的无人机地面站

2.2.4　数据传输电台

数据传输电台是无人机与地面站通信的一个主要工具，是用于高精度无线数据传输的模块，借助 DSP（Digital Signal Processor，数字信号处理器）技术、数字调制与解调技术和无线电技术，具有向前纠错、均衡软判决等功能。与模拟调频电台不同，数据传输电台是数字电台，提供透明 RS-232 接口，传输速率

更快，具备参数指示误码统计、状态告警和网络管理等功能。

数据传输电台作为一种无线通信介质，有特定的使用范围，可以在某些特殊情况下提供实时、可靠的数据传输，具有成本低、安装维护方便、绕射能力强、组网结构灵活和覆盖范围广的特点，适合点多而分散、地理环境复杂等场合。数据传输电台一端连接计算机（地面站软件），另一端连接多旋翼无人机自动驾驶仪，采用一定协议进行数据传输，从而保持自动驾驶仪与地面站之间的双向通信。

一般数据传输电台采用的接口有 TTL 接口、RS-485 接口和 RS-232 接口，也有一些 CAN-BUS 总线接口，频率有 2.4 GHz、433 MHz、900 MHz、915 MHz，一般选用 433 MHz 的较多。因为 433 MHz 是一个开放的频段，且 433 MHz 具有波长较长、穿透力强等优势，所以大部分民用用户使用 433 MHz，距离为 5～15 km，甚至更远。

通过数据传输电台实现无人机与计算机间的通信，使用计算机给无人机下发任务，无人机接受任务后的实时飞行高度、速度等很多数据都会通过数据传输电台来传到计算机，通过计算机实时监控无人机的状态，并根据需要可随时修改任务指令来改变无人机的航向等。

习题 2

1. 简述无刷电动机的工作原理。
2. 简述无人机上使用的电池的参数、作用，以及选用电池应注意的事项。
3. 碳纤维螺旋桨的优点和缺点有哪些？
4. 无人机通信系统包含哪几部分？
5. 简述无人机通信系统中各部分的作用。

第3章

无人机的电子设备系统

通过前两章的学习，读者了解了无人机的基本概念、飞行原理及无人机动力系统和通信系统的使用。在本章读者将会了解无人机上使用的舵机、传感器等电子设备。通过本章的学习，读者将会掌握如下内容：

- 无人机自动驾驶仪的原理及组成；
- 无人机导航系统的分类及原理；
- 无人机舵机系统的构造及性能；
- 无人机搭载各类传感器的原理及应用；
- 无人机摄像系统的作用。

3.1 无人机的自动驾驶仪

3.1.1 自动驾驶仪的基本概念

无人机自动驾驶仪（又称飞控系统）是指能够稳定无人机飞行姿态，并能控制无人机自主或半自主飞行的控制系统，是无人机的大脑。大部分无人机自动驾驶仪由六自由度惯性测量单元（角速度计和加速度计）、GPS 接收机、磁罗盘、气压高度计等组成，主要负责感知飞机的各种状态并进行导航计算和控制输出。无人机自动驾驶仪的组成如图 3-1 所示。

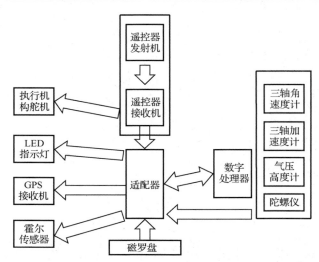

图 3-1　无人机自动驾驶仪的组成

1. 无人机的飞行控制模式

对于大部分遥控无人机，遥控器接收机是直接连接到执行机构舵机的。此时，遥控器各通道输出的控制信号（接收机解码为 PWM 脉宽控制信号）被接收机接收后直接输出到舵机，舵机根据接收的脉宽控制舵机的舵角偏转至相应的角度，从而完成对无人机的直接控制，即遥控控制。无人机的飞行控制的模式可分为手动控制和非手动控制。

手动控制时，遥控器各通道输出的信号即舵机舵角偏转的角度，舵机通过转动舵角直接控制无人机的动作从而实现在空中的各种飞行动作。此时，负责操控遥控器的人需要时刻根据无人机的状态通过遥控器来调整无人机的姿态，从而实现稳定地飞行或悬停。

在非手动控制模式（有自动驾驶仪或其他辅助设备）下，遥控器发射机输出的信号被接收机接收后输入自动驾驶仪，自动驾驶仪把这些信号作为操作指令，并通过嵌入式程序计算处理后进行飞行控制，从而起到增稳或自动飞行的作用。

手动控制模式和非手动控制模式的根本区别是前者通过直接操作无人机控制舵面进而控制无人机，这种模式控制的是无人机的飞行动作（如俯仰、滚转、偏航等）；后者把遥控器的信号解读为控制指令，控制的是无人机的运动矢量（如前后飞行的速度、爬升/下降的速度、偏航的速度等）。

所以，对于不安装自动驾驶仪（或其他辅助设备）的无人机，其只能实现手动控制；而安装了自动驾驶仪的无人机既保留了手动操控的模式，又能实现无人机的自主飞行。

2. 自动驾驶仪系统的类型

自动驾驶仪最常用的分类方法是按控制律来区分。控制律通常是指自动驾驶仪输出的舵偏角与信号的静/动态函数关系。按这种分类方法，自动驾驶仪可分为比例式自动驾驶仪、积分式自动驾驶仪和均衡式反馈自动驾驶仪 3 种。

也可以按自动驾驶仪的 3 种主要部件（传感器、放大部件及舵机）的能源来分类，这时可以分为气动式、气动液压式、电动式及电动液压式自动驾驶仪。

如果按处理信号分类，即按实现控制律是采用连续信号，还是中间经过数字化再转换

成为模拟信号来区分，可以分为模拟式与数字式两种。

3.1.2　自动驾驶仪的组成

自动驾驶仪由传感器、信号处理部件（遥控信号的接收和处理）与舵机组成。为了实现所要求的控制律，信号处理部件要实现信号校正和综合。模拟式自动驾驶仪因其计算不可能十分复杂，实现上述功能较为困难，现已发展成为数字式自动驾驶仪，以实现更为完善的控制律，同时将伺服放大部件与舵机组合成为伺服动作系统。数字信号处理器（DSP）的功能很强，除完成控制律的计算及按飞行状态调整参数外，还可进行无人机的状态监测，包括故障检测与报警等任务，因此数字信号处理器成为数字式自动驾驶仪中十分重要的部件。此外，执行测量任务的传感器部件，如高度差传感器、送出姿态信号的惯性陀螺仪均是闭环系统。

自动驾驶仪的工作流程如图 3-2 所示。从其部件组成来看，自动驾驶仪包括以下部分。

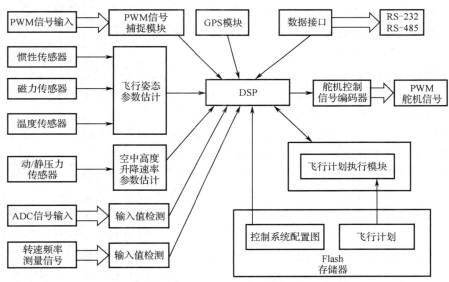

图 3-2　自动驾驶仪的工作流程

惯性传感器：即惯性测量单元（IMU）。它主要集成有三轴加速度计和三轴陀螺仪，用于感知无人机在 3 个轴向上的运动状态（俯仰、滚转和偏航）。安装 IMU 时要求靠近自动驾驶仪的重心，并有一定的减震装置和指向要求。

GPS 模块：接收 GPS 的位置信息，为自动驾驶仪提供位置数据。GPS 通常安装在自动驾驶仪尾部（避免遮挡），且要求无电磁信号干扰。

磁力传感器：即磁罗盘（Compass），也称外置指南针，用于感知自动驾驶仪的指向。在固定翼无人机的自动驾驶仪中，磁罗盘不是必要设备，因为固定翼无人机在飞行中一直保持一定的运动速度，可通过不同的 GPS 位置信号来计算出无人机的指向。许多自动驾驶仪的磁罗盘与 GPS 的接收天线设计在同一个附件中。

动静压力传感器：包括气压高度计和超声波传感器。气压高度计用于检测无人机所在位置的气压高度，通常设计在 IMU 或主控盒内。超声波传感器通常用于感知无人机的垂直

无人机技术与应用

对地高度，作用距离一般不大于 15 m。超声波传感器要求对地垂直安装，且要求传感器安装位置处无过大噪声干扰。

飞控板是多旋翼无人机的核心设备，是飞行控制集成电路板的简称。其主要功能如下：

（1）处理来自遥控器的信号，完成要求的飞行姿态和其他指令。

（2）控制电调，给电调发送信号进而调节电动机的转速，实现改变无人机飞行姿态的功能。

（3）测量电路，通过控制电调的输出信号保持多旋翼无人机的稳定。

目前，市场上有各种各样的飞控板，主流厂商有大疆、零度、极飞、亚拓、华科尔等。开源的飞控板有 APM、PIX、MCW 等。图 3-3 所示为 APM 飞控板。

APM 飞控板具备丰富的接口，包括 8 路 PWM 信号输入、8 路 PWM 信号输出、2 路外扩、I²C 接口支持外接传感器网络、3 路 UART

图 3-3　APM 飞控板

（Universal Asynchronous Receiver/Transmitter，异步收发传输器）接口，以及分别用于遥测电台、GPS 接收机、OSD（On-Screen Display，屏幕显示）扩展模块、飞行速度传感器、电流传感器、电压传感器等 11 路模拟输入端。

自动驾驶仪通过高效的控制算法内核，能够精准地检测并计算出无人机的飞行姿态等数据，再通过主控制单元实现精准定位悬停和自主平稳飞行。

在没有自动驾驶仪的情况下，很多专业的飞手经过长期艰苦的练习也能控制无人机非常平稳地飞行，但是这个难度和要求特别高，同时需要非常丰富的实战经验。如果没有自动驾驶仪，飞手需要时刻关注无人机的动向，眼睛完全不可能离开无人机，时刻处于高度紧张的工作状态。而且，人眼的有效视距是非常有限的，即使能稳定地控制飞行，但是控制的精度也很可能满足不了航拍的需求，控制距离越远，控制精度越差。另外，对于不同的拍摄需求，以及不同的拍摄环境或条件，人为飞行控制更加困难，甚至根本不可能实现。

自动驾驶仪是目前实现简单操控和精准飞行的必备武器。

3.1.3　自动驾驶仪的原理

自动驾驶仪是一个典型的反馈控制系统，它代替驾驶员控制飞机的飞行。假设要求飞机进行水平的直线飞行，驾驶员是如何控制飞机的呢？飞机受干扰（如阵风）偏离原姿态（如飞机抬头），驾驶员用眼睛观察到仪表板上陀螺地平仪的变化，用大脑做出决定，通过神经系统传递到手臂，推动驾驶杆使升降舵向下偏转，产生相应的下俯力矩，飞机趋于水平；驾驶员又从仪表盘上看到这一变化，逐渐把驾驶杆收回原位，当飞机回到原水平姿态时，驾驶杆和升降舵面也回到原位，如图 3-4 所示。

从图 3-4 可以看出，这是一个反馈系统及闭环系统。图 3-4 中的虚线框代表驾驶员。如果用自动驾驶仪代替驾驶员控制飞机飞行，则其必须包括与虚线框内 3 个部分相应的装

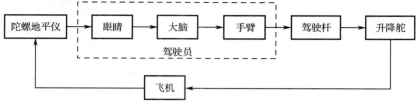

图 3-4　驾驶员控制飞机的过程

置，并与飞机组成一个闭环系统，如图 3-5 所示。

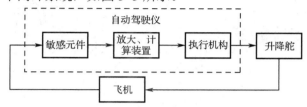

图 3-5　自动驾驶仪闭环系统

自动飞行的原理是飞机偏离原始状态，敏感元件感受到偏离方向和大小，并输出相应信号，经过放大、计算处理，操纵执行机构（如舵机），使控制面（如升降舵面）相应偏转。由于整个系统是按负反馈原则连接的，其结果是使飞机趋向原始状态，当飞机回到原始状态时，敏感元件输出信号为零，舵机及与其相连的舵面也回到原位，飞机重新按原始状态飞行。

由此可见，自动驾驶仪中的敏感元件、放大及计算装置和执行机构可代替驾驶员的眼睛、大脑神经系统与肢体，自动控制飞机的飞行。这 3 部分是自动驾驶仪的核心，执行自动驾驶飞机飞行的功能。

3.2　无人机的导航系统

导航系统是各类运动器（包括汽车、飞机、航海船只、航天器等）必不可少的子系统。导航系统的主要作用是定位、目的地选择、路径计算和路径指导，有的还具有授时功能。对于无人机而言，导航系统是其完成任务的关键系统之一。

常见的导航系统有 GPS、惯性导航系统（Inertial Navigation System，INS）、全球卫星导航系统（Global Navigation Satellite System，GLONASS）、北斗卫星导航系统（BeiDou Navigation Satellite System，BDS）及组合导航系统。

3.2.1　GPS

GPS 是一种基于卫星的、长距离的、全球性的导航系统。GPS 是一种全天候的无线电导航系统，它不受静电云团等气象干扰，通过收、发无线电信号为用户提供精确的定位和时间基准等。GPS 不仅适用于飞机等航空航天飞行器，还适用于汽车、人群、海上船只等的定位和导航。使用 GPS，可以引导飞机在起飞、巡航、着陆等各个阶段沿预定的航线准确地飞行。此外，GPS 还可以综合用于通信、交通管制、气象服务、地面勘测、搜救、授时等军事和民用方面。

1. GPS 的组成

GPS 由空间部分、地面监控部分和用户部分三大部分组成，如图 3-6 所示。

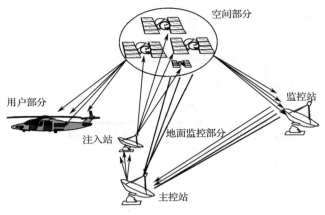

图 3-6　GPS 的组成

（1）空间部分。GPS 的空间部分由 21 颗工作卫星组成，它位于距地表 20 200 km 的上空，均匀分布在 6 个轨道面上，轨道倾角为 55°。此外，还有 3 颗有源备份卫星在轨运行。卫星的分布使得在全球任何地方、任何时间都可观测到 4 颗以上的卫星，并能在卫星中预存导航信息。GPS 的卫星因为大气摩擦等问题，随着时间的推移，导航精度会逐渐降低。

（2）地面监控部分。地面监控部分由监控站（Monitor Station）、主控站（Master Monitor Station）和地面天线（Ground Antenna，又称注入站）组成，其中，主控站位于美国科罗拉多州春田市（Colorado Spring）。地面监控部分负责收集由卫星传回的信息，并计算卫星星历、相对距离和大气校正等数据。

（3）用户部分。用户部分常指接收机，其主要功能是捕获按一定卫星截止角所选择的待测卫星，并跟踪这些卫星的运行。当用户接收机捕获跟踪的卫星信号后，即可测量出接收天线至卫星的伪距离和距离的变化率，解调出卫星轨道参数等数据。根据这些数据，用户接收机中的微处理计算机就可按定位解算方法进行定位计算，得到用户所在地理位置的经纬度、高度、速度、时间等信息。用户接收机硬件、软件及 GPS 数据的后处理软件包构成了完整的 GPS 用户设备。用户接收机的结构包括天线单元和接收单元两部分。用户接收机一般采用机内和机外两种直流电源，设置机内电源的目的在于更换机外电源时不中断连续观测，使用机外电源时，机内电源自动充电。关机后，机内电源为 RAM（Random Access Memory，随机存取存储器）供电，以防止数据丢失。目前，各种类型的用户接收机体积越来越小，质量越来越小，更便于野外观测使用。另外，用户接收机现有单频与双频两种，但由于价格因素，一般使用者所购买的多为单频接收机。

2. GPS 的定位原理

当机载 GPS 能收到至少 4 颗卫星的信号时，它就能计算出飞机所在位置的纬度、经度和高度。因为 GPS 中存储了所有卫星的轨道位置数据，所以也被称为星历，如图 3-7 所示。

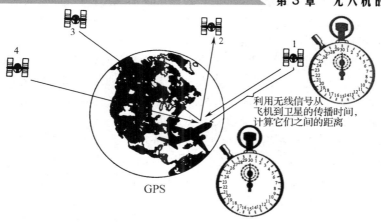

利用无线信号从
飞机到卫星的传播时间,
计算它们之间的距离

图 3-7　星历

GPS 提供两种服务,一种是精确定位服务(Precision Positioning System,PPS)仅用于军事方面；另一种是标准定位服务(Standard Positioning System,SPS),用于民用航空。

图 3-8 所示为 24 颗卫星的分布,它以空间位置已知的卫星作为基站,发射无线电信号,地面或近地面的用户接收机测量无线电信号传播的距离和速度,计算用户的位置,测距必须知道卫星和接收机的时间。

GPS 导航系统的基本原理是测量出已知位置的卫星到用户接收机之间的距离,然后综合多颗卫星的数据就可知道用户接收机的具体位置。要实现这一目的,卫星的位置可以根据星载时钟所记录的时间在卫星星历中查出。用户到卫星的距离则通过记录卫星信

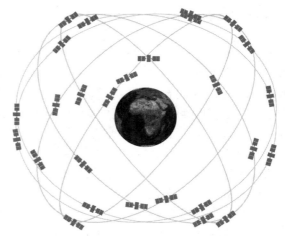

图 3-8　24 颗卫星的分布

号传播到用户所经历的时间,再将其乘以光速得到[由于大气层电离层的干扰,这一距离并不是用户与卫星之间的真实距离,而是伪距(PR)]。当 GPS 卫星正常工作时,会不断地用 1 和 0 二进制码元组成的伪随机码(简称伪码)发射导航电文。GPS 使用的伪码一共有两种,分别是民用的 C/A 码和军用的 P(Y)码。C/A 码的频率为 1.023 MHz,重复周期为 1 ms,码间距为 1 μs,在空间上相当于 300 m；P 码的频率为 10.23 MHz,重复周期为 266.4 天,码间距为 0.1 μs,在空间上相当于 30 m；而 Y 码是在 P 码的基础上形成的,保密性能更佳。

导航电文包括卫星星历、工作状况、时钟改正、电离层时延修正、大气折射修正等信息。它是卫星信号被调制在载波上以 50 bit/s 的速率发射的。导航电文每个主帧中包含 5 个子帧,每个子帧有 300 bits,播发时间为 6 s。前 3 个子帧各有 10 个字,每个字有 30 bits,每 30 s 重复发射一次,每小时更新一次内容；后 2 个子帧针对不同卫星各有 25 页,其内容仅当给卫星注入新的导航电文后才进行更新。一套完整的导航电文由 25 个主帧组成,全部

播发完需 12.5 min。导航电文中的内容主要有遥测码（第 1 子帧的第 1 个字），转换码（第 1 子帧的第 2 个字），第 1 数据块（第 1 子帧的第 3～10 字）、第 2 数据块（第 2 和 3 子帧）、第 3 数据块（第 4 和 5 子帧），其中第 3 数据块包含最重要的星历数据。当用户接收到导航电文时，提取出卫星时间并将其与自己的时钟进行对比，便可得知卫星与用户的距离，再利用导航电文中的卫星星历数据推算出卫星发射电文时所处的位置，则用户在 WGS-84 大地坐标系中的位置、速度等信息便可得知。

可见，GPS 卫星部分的作用就是不断地发射导航电文。然而，由于用户接收机使用的时钟与卫星星载时钟不可能总是同步，因此除了用户的三维坐标 x、y、z 外，还要引进一个 Δt，即卫星与用户接收机之间的时间差作为未知数，然后用 4 个方程将这 4 个未知数解出来。所以，如果想知道用户接收机所处的位置，至少要能接收到 4 个卫星的信号。

GPS 用户接收机可接收用于授时的精确度为纳秒量级的时间信息，用于预报未来几个月内卫星所处概略位置的预报星历；计算定位时所需卫星坐标的广播星历，精度为几米至几十米（各个卫星不同，随时变化）；获取 GPS 信息，如卫星状况等。

GPS 用户接收机对接收到的卫星信号进行解码，或采用其他技术将调制在载波上的信息去掉后，就可以恢复载波。严格说来，载波相位应被称为载波拍频相位，它是受多普勒频移影响的卫星信号载波相位与接收机本机振荡产生信号相位之差。一般在用户接收机时钟确定的历元时刻观测，保持对卫星信号的跟踪，就可记录下相位的变化值。但在开始观测时卫星信号载波相位和用户接收机本机振荡产生信号的相位初值是不知道的，起始历元时刻的相位整数即整周模糊度也是不知道的，因此只能在数据处理过程中作为参数解算。相位观测值的精度最高至毫米量级，但前提是解出整周模糊度，因此只有在相对定位，并有一段连续观测值时才能使用相位观测值，而要达到优于米量级的定位精度也只能采用相位观测值。

按定位方式，GPS 定位分为单点定位和相对定位（差分定位）。单点定位就是根据一台用户接收机的观测数据来确定用户接收机位置的方式，它只能采用伪距观测，可用于车船等的概略导航定位；相对定位是根据两台以上用户接收机的观测数据来确定观测点之间的相对位置的方式，它既可采用伪距观测，又可采用相位观测，大地测量或工程测量均应采用相位观测进行相对定位。

GPS 观测中包含卫星和用户接收机的时钟差、大气传播延迟、多径效应等误差，在定位计算时还要受到卫星广播星历误差的影响，但在进行相对定位时大部分公共误差被抵消或削弱，因此定位精度将大大提高。双频用户接收机可以根据两个频率的观测量抵消大气中的电离层误差的主要部分，因此在精度要求高、用户接收机间距离较远时（大气有明显差别），应选用双频用户接收机。

3. GPS 的特点

GPS 的主要特点如下：
（1）全球、全天候工作。
（2）定位精度高。单点定位精度优于 10 m，采用差分定位，精度可达厘米和毫米量级。
（3）功能多，应用范围广。

3.2.2 惯性导航系统

惯性导航系统（以下简称惯导）是一种不依赖于外部信息，也不向外部辐射能量的自主式导航系统。其工作环境不仅包括空中、地面，还可以在水下。惯导的基本工作原理以牛顿力学定律为基础，通过测量载体在惯性参考系中的加速度，将它对时间进行积分，且把它变换到导航坐标系中，就能够得到载体在导航坐标系中的速度、偏航角和位置等信息。

1. 惯导的组成

（1）加速度计。加速度计用于测量无人机运动的加速度，一般应由 3 个加速度计完成东、北、天 3 个方向的测量。

（2）稳定平台。稳定平台为加速度计提供了一个准确的安装基准和测量基准，以保证无论无人机进行什么样的机动飞行，3 个加速度计的空间指向都是不变的。也就是说，稳定平台在方位上要对正北向，在平面上要和当地水平面平行，使平台的 3 个轴正好指向东、北、天 3 个方向。能够实现这一要求的只有陀螺仪，因此稳定平台也称陀螺仪稳定平台，陀螺仪也就成为稳定平台和惯性导航系统的核心部件。正因为有了这样一个基准平台，无人机相对该平台在方位上的偏角就反映了无人机的航向，无人机相对该平台在水平两个轴向上的偏角就反映了无人机的俯仰和倾斜（横滚），所以稳定平台代替了陀螺地平仪、电子罗盘或航向姿态系统的功能。

（3）导航计算机。导航计算机用于进行积分、相加、乘除和三角函数等数学计算。同时，为保证平台始终水平和指北，应随无人机运动和地球自转，不断计算出修正平台位置的指令信号，还要计算和补偿有害加速度等。

（4）控制显示器。控制显示器的一个功能是向计算机输入无人机的初始运动参数和位置参数；另一个功能是显示无人机飞行过程中的导航参数，还可以进行必要的控制操作，以实现惯导的更多功能。

2. 惯导的分类

按照惯导系统在飞行器上的安装方式，其可分为平台式惯导（惯导安装在惯性平台的台体上）和捷联式惯导（惯导直接安装在飞行器上）。

（1）平台式惯导。根据建立的坐标系不同，平台式惯导又分为空间稳定和本地水平两种工作方式。空间稳定平台式惯导的台体相对于惯性空间稳定，用以建立惯性坐标系。地球自转、重力加速度等影响由计算机加以补偿。这种系统多用于运载火箭的主动段和一些航天器中。本地水平平台式惯导的特点是台体上的两个加速度计输入轴所构成的基准平面能够始终跟踪飞行器所在点的水平面（利用加速度计与陀螺仪组成舒拉回路来保证），因此加速度计不受重力加速度的影响。这种系统多用于沿地球表面作等速运动的飞行器（如无人机、巡航导弹等）。在平台式惯导中，框架能隔离飞行器的角振动，仪表工作条件较好。平台能直接建立导航坐标系，计算量小，容易补偿和修正仪表的输出，但结构复杂，尺寸大。

（2）捷联式惯导。根据所用陀螺仪的不同，捷联式惯导分为速率型捷联式惯导和位置型捷联式惯导。前者用速率陀螺仪，输出瞬时平均角速度矢量信号；后者用自由陀螺仪，输出角位移信号。捷联式惯导省去了平台，所以结构简单、体积小、维护方便，但陀螺仪和加速度计直接装在飞行器上，工作条件不佳，会降低仪表的精度。这种系统的加速度计输出的是机体坐标系的加速度分量，需要经计算机转换成导航坐标系的加速度分量，计算

量较大。

为了得到飞行器的位置数据，必须对惯导的每个测量通道的输出积分。陀螺仪的漂移将使测角误差随时间成正比例增大，而加速度计的常值误差又将引起与时间平方成正比的位置误差。这是一种发散的误差（随时间不断增大），可通过组成舒拉回路、陀螺罗盘回路和傅科回路 3 个负反馈回路的方法来修正这种误差以获得准确的位置数据。

舒拉回路、陀螺罗盘回路和傅科回路都具有无阻尼周期振荡的特性，所以惯导常与无线电、多普勒和天文等导航系统组合，构成高精度的组合导航系统，使系统既有阻尼又能修正误差。

惯导的导航精度与地球参数的精度密切相关。高精度的惯导须用参考椭球来提供地球形状和重力的参数。由于地壳密度不均匀、地形变化等，地球各点的参数实际值与参考椭球求得的计算值之间往往有差异，并且这种差异还带有随机性，这种现象称为重力异常。正在研制的重力梯度仪能够对重力场进行实时测量，提供地球参数，解决重力异常问题。

3. 惯导的优缺点

惯导的优点如下：

（1）由于惯导是不依赖于任何外部信息，也不向外部辐射能量的自主式系统，因此其隐蔽性好，且不受外界电磁干扰的影响。

（2）可全天候、全时间地工作于空中、地球表面乃至水下。

（3）能提供位置、速度、航向和姿态角数据，所产生的导航信息连续性好且噪声低。

（4）数据更新率高，短期精度和稳定性好。

惯导的缺点如下：

（1）由于导航信息经过积分而产生，因此定位误差随时间而增大，长期精度差。

（2）每次使用之前需要较长的初始对准时间。

（3）设备的价格较昂贵。

（4）不能给出时间信息。

3.2.3　GLONASS

GLONASS 的作用类似于美国的 GPS、欧洲的伽利略卫星定位系统和中国的北斗卫星导航系统。

该系统最早开发于苏联时期，后由俄罗斯继续实施该计划。俄罗斯 1993 年开始独自建立本国的全球卫星导航系统。该系统于 2007 年开始运营，当时只开放俄罗斯境内卫星定位及导航服务。到 2009 年，其服务范围已经拓展到全球。该系统主要服务内容包括确定陆地、海上及空中目标的坐标及运动速度等信息。

1. GLONASS 的组成

GLONASS 由空间、地面和用户 3 个部分组成。

（1）空间部分。GLONASS 的轨道群体由设置在 3 个圆形轨道平面上的 24 颗卫星组成。各轨道平面按 120°的间隔分布，且和相邻轨道面上的卫星之间的相位差为 15°，每个轨道平面内有 8 颗卫星，每颗卫星的升交角距相差 45°，卫星轨道倾角为 64.8°，运行周期大约为 11 h 15 min。这种轨道群体的结构配置可保证至少有 5 颗卫星以可接收的星座几何形状进入位于地球和近地空间任何点的用户的可视范围。

星上设备由导航设备、控制设备和姿态控制、稳定、修正系统等组成。目前，GLONASS 的地面站网都由军方管理。

（2）地面部分。GLONASS 的地面部分由 1 个地面控制中心、4 个指令测量站、4 个激光测量站和 1 个监测网组成。

地面控制中心包括 1 个轨道计算中心、1 个计划管理中心和 1 个坐标时间保障中心，主要任务是接收处理来自各指令测量站和激光测量站的数据，完成精密轨道计算，产生导航电文，提供坐标时间保障，并发送对卫星的上行数据注入和遥控指令，实现对整个导航系统的管理和控制。

指令测量站均布设在俄罗斯境内，每站设有 C 波段无线电测量设备，跟踪测量视野内的 GLONASS 卫星，接收卫星遥控数据，并将所测得的数据送往地面控制中心进行处理。同时，指令测量站将来自地面控制中心的导航电文和遥控指令发射至卫星。

4 个激光测量站中有 2 个与指令测量站地址相同，另 2 个分别设在乌兹别克斯坦和乌克兰境内。激光测量站跟踪观测视野内的 GLONASS 卫星，并将所测得的数据送往地面控制中心进行处理，主要用于校正轨道计算模型和提供坐标时间保障。

监测网独立工作，主要用于监测 GLONASS 的工作状态和完好性。

（3）用户部分。同 GPS 一样，GLONASS 是一个具有双重功能的军用/民用系统。所有军用和民用 GLONASS 用户构成用户部分。该系统的潜在民用前景巨大，而且与 GPS 互为补充。俄罗斯联邦政府宣布 GLONASS 的 C/A（又称标准精度通道）码为世界范围内的民间用户提供水平方向至少 60 m（97.7%的概率）、垂直方向至少 73 m（97.7%的概率）的实时定位（独立）精度。

2．GLONASS 的工作方式

用户可利用 GLONASS 卫星不断播放的导航信号来确定坐标、速度和时间。GLONASS 的每颗卫星都播放两种无线电导航信号，利用信道的频率划分原则，以 L1、L2 波段播放标准精度导航信号和高精度导航信号，其频率如下：

$$F_u = 1602\ \text{MHz} + n \times 0.5625\ \text{MHz} \qquad (3\text{-}1)$$

式中，n=0, 1, 2, 3, …, 23。

用户接收机可自动接收不少于 4 颗卫星播放的信号，并对接收机至卫星的变化速度进行测量。在对卫星播放的信号进行测量的同时，将导航信息分离出来，并进行加工处理。通过接收机的处理器对测量值和导航信息同时进行处理，计算出用户的 3 个坐标、3 个速度分量及精确的时间。

3.2.4　北斗卫星导航系统

北斗卫星导航系统（简称北斗系统）是中国自行研制的全球卫星导航系统，是继美国 GPS、俄罗斯 GLONASS 及欧洲伽利略卫星导航系统之后的第 4 个成熟的卫星导航系统。

北斗卫星导航系统可在全球范围内全天候、全天时地为各类用户提供高精度、高可靠的定位、导航、授时服务，并具备短报文通信能力，已经初步具备区域导航、定位和授时能力，定位精度为 10 m，测速精度为 0.2 m/s，授时精度为 10 ns。

2017 年 11 月 5 日，中国第三代导航卫星顺利升空，它标志着中国正式开始建造北斗全球卫星导航系统。

2018 年 8 月 25 日，我国在西昌卫星发射中心用长征三号乙运载火箭（及远征一号上面级）以"一箭双星"方式成功发射第 35、36 颗北斗导航卫星，这两颗卫星属于中圆地球轨道卫星，也是我国北斗三号全球系统第 11、12 颗组网卫星。在这两颗北斗导航卫星上，还首次装载了国际搜救组织标准设备，将为全球用户提供遇险报警及定位服务。

2018 年 12 月 27 日，北斗卫星导航系统服务范围由区域扩展为全球，北斗卫星导航系统正式迈入全球时代。

1. 北斗卫星导航系统的组成

北斗系统由空间段、地面段和用户段 3 部分组成。

（1）空间段。北斗卫星导航系统的空间段由若干地球静止轨道卫星、倾斜地球同步轨道卫星和中圆地球轨道卫星 3 种轨道卫星组成混合导航星座。

（2）地面段。北斗卫星导航系统地面段包括主控站、时间同步/注入站和监测站等若干地面站。

（3）用户段。北斗卫星导航系统用户段的接收机包括北斗兼容其他卫星导航系统的芯片、模块、天线等，以及其他终端产品、应用系统与应用服务等。

2. 北斗卫星导航系统的定位原理

36 颗卫星在离地面 2 万多千米的高空上，以固定的周期环绕地球运行，使得在任意时刻，在地面上的任意一点都可以同时观测到 4 颗以上的卫星。

由于卫星的位置精确可知，因此在接收机对卫星的观测中，我们可得到卫星到接收机的距离。利用三维坐标中的距离公式，利用 3 颗卫星，就可以组成 3 个方程式，解出观测点的位置（X，Y，Z）。考虑到卫星时钟与接收机时钟之间的误差，实际上有 4 个未知数，X、Y、Z 和时钟差，因而需要引入第 4 颗卫星，组成 4 个方程式进行求解，从而得到观测点的经纬度和高程。

事实上，接收机往往可以锁住 4 颗以上的卫星，这时，接收机可按卫星的星座分布将卫星分成若干组，每组 4 颗，然后通过算法挑选出误差最小的一组用于定位，从而提高精度。

卫星定位实施的是"到达时间差"（时延）的概念，即利用每一颗卫星的精确位置和连续发送的星上原子钟生成的导航信息获得从卫星至接收机的到达时间差。

卫星在空中连续发送带有时间和位置信息的无线电信号，供接收机接收。由于传输的距离因素，接收机接收到信号的时刻要比卫星发送信号的时刻延迟，通常称为时延。因此，也可以通过时延来确定距离。卫星和接收机同时产生同样的伪随机码，一旦两个码实现时间同步，接收机便能测定时延，将时延乘以光速便能得到距离。

每颗卫星上的计算机和导航信息发生器非常精确地记录了其轨道位置和系统时间，而全球卫星监测站网保持连续跟踪卫星的轨道位置和系统时间。位于地面的主控站与其运控段一起，至少每天一次对每颗卫星注入校正数据。注入数据包括星座中每颗卫星的轨道位置测定和星上时钟的校正。这些校正数据是在复杂模型的基础上计算得出的，可在几个星期内保持有效。

卫星导航系统时间是由每颗卫星上原子钟的铯和铷原子频标保持的，这些星钟一般可

精确到世界协调时（Coordinated Universal Time，UTC）的几纳秒以内。UTC 是由美国海军观象台的"主钟"保持的，每台主钟的稳定性为若干个 10^{-13} s。卫星早期采用两部铯频标和两部铷频标，后来逐步改变为更多地采用铷频标。通常，在任一指定时间内，每颗卫星上只有一台频标在工作。

3. 北斗卫星导航系统的导航原理

与 GPS 导航系统的基本原理相同，北斗卫星至用户间的距离是基于卫星信号的发射时间与到达用户接收机的时间差乘以光速得到的，也称为伪距。为了计算用户的三维位置和接收机时钟偏差，伪距测量要求至少接收来自 4 颗卫星的信号。通过用户接收到 4 个卫星发射的导航电文，就能推算出用户在大地坐标系中的位置、速度等信息。

由于卫星运行轨道、卫星时钟存在误差，以及大气对流层、电离层对信号的影响，因此民用的定位精度只有数十米量级。为提高定位精度，普遍采用差分定位技术［如 DGPS（Diffential Global Positioning System，差分全球定位系统）、DGNSS（Diffential Global Navigation Satellite System，差分全球卫星导航系统）］，建立地面基准站（差分台）进行卫星观测，利用已知的基准站精确坐标与观测值进行比较，从而得出一修正数，并对外发布。接收机收到该修正数后，与自身的观测值进行比较，消去大部分误差，得到一个比较准确的位置。实验表明，利用差分定位技术，定位精度可提高到米级。

4. 北斗卫星导航系统的功能

（1）短报文通信。北斗卫星导航系统用户终端具有双向报文通信功能，用户可以一次传送 40～60 个汉字的短报文信息，在远洋航行中有重要的应用价值。

（2）精密授时。北斗卫星导航系统具有精密授时功能，可向用户提供 20～100 ns 的时间同步精度。

（3）北斗卫星导航系统可以为用户提供全天候、高精度、快速的定位服务。北斗卫星导航系统的定位精度为水平精度 100 m（1σ），设立标校站之后为 20 m（类似于差分状态）；工作频率为 2491.75 MHz；系统容纳的最大用户数为 540 000 户/h。

3.2.5 组合导航系统

1. 组合导航系统的概念

组合导航系统是把两种或两种以上的导航系统以适当的方式组合在一起，利用其性能上的互补特性，获得比单独使用任一系统更高的导航性能。

除可以将以上介绍的导航技术进行组合之外，还可以应用一些相关技术提高精度，如大气数据系统、航迹推算技术等。

（1）惯导/GPS 组合导航系统。惯导/GPS 组合导航的优点在于对惯导可以实现惯性传感器的校准、惯导的空中对准、惯导高度通道的稳定等，从而有效地提高惯导的性能和精度。对 GPS 来说，惯导的辅助可以提高其跟踪卫星的能力，提高接收机的动态特性和抗干扰性。另外，惯导/GPS 组合导航系统还可以实现 GPS 完整性的检测，从而提高可靠性。同时，惯导/GPS 组合导航系统可以实现一体化，把 GPS 接收机放入惯导部件中，以进一步减少系统的体积、质量和成本，便于实现惯导和 GPS 同步，减小非同步误差。惯导/GPS 组合导航系统是目前多数无人机所采用的主流自主导航技术。美国的全球鹰和捕食者无人机都

采用这种组合导航方式。

（2）惯导/多普勒组合导航系统。这种组合方式既解决了多普勒导航受到地形因素的影响，又可以解决惯导自身的累积误差，同时在隐蔽性上二者实现了较好的互补。

（3）惯导/地磁组合导航系统。利用地磁匹配技术的长期稳定性弥补惯导误差随时间累积的缺点，利用惯导的短期高精度弥补地磁匹配系统易受干扰等不足，则可实现惯导/地磁导航。惯导/地磁组合导航系统具备自主性强、隐蔽性好、成本低、应用范围广等优点，是当前导航研究领域的一个热点。

（4）惯导/地形匹配组合导航系统。由于地形匹配定位的精度很高，因此可以利用这种精确的位置信息来消除惯导长时间工作的累计误差，提高惯导的定位精度。地形匹配辅助导航系统具有自主性和高精度的突出优点，将其应用于装载有多种图像传感器的无人机导航系统，构成惯导/地形匹配组合导航系统是地形匹配辅助导航技术发展和应用的未来趋势。

（5）GPS/航迹推算组合导航系统。航迹推算的基本原理是，在 GPS 失效的情况下，依据大气数据计算机测得的空速、磁航向测得的真北航向及当地风速风向，推算出地速及航迹角。当 GPS 定位信号中断或质量较差时，由航迹推算系统确定无人机的位置和速度；当 GPS 定位信号质量较好时，利用 GPS 高精度的定位信息对航迹推算系统进行校正，从而构成了高精度、高可靠性的无人机导航定位系统，在以较高质量保证了飞行安全和品质的同时，有效降低了系统的成本，使无人机摆脱了对雷达、测控站等地面系统的依赖。

2. 组合导航系统的组成

组合导航系统通常由微机械（MEMS）陀螺仪、MEMS 加速度计、BDS/GPS 板卡、导航计算机组成，能够测量载体的航向、俯仰、滚动、速度、位置（含升沉）、角速度、加速度等信息，具有体积小、质量小、性价比高等特点。此产品采用卫星/惯导紧耦合算法，具备动基座对准、惯导/卫星组合导航、自主零速修正、自标定等功能，尤其是其具备船舶升沉测量的功能，在无人机领域自主组合导航应用中极具参考价值。面对日益多样化的导航定位需求和越来越复杂的应用环境，任何单一的导航定位系统都无法成为解决一切问题的方案，多系统、多方式组合应用已经成为必然趋势。

对于高精度应用领域，目前的解决方案还不完善，仍需从技术方面，如采用紧密耦合等方式，使全球卫星导航系统（GNSS）与惯导更深层次结合，以达到最佳组合定位效果。对于大部分民用领域来说，考虑到成本因素，以高精度北斗系统或其他 GNSS 定位为主，以低成本的惯导组件为辅的方案，能够达到优势互补，既能够满足精度需要，又能够兼顾复杂的应用环境，特别是在大部分情况下 GNSS 信号良好，只是个别小范围信号受影响的环境，这种 GNSS 与惯导结合的方案效果更好，更受用户欢迎。

3.3 无人机的舵机系统

3.3.1 舵机系统的基本概念

舵机是一种位置（角度）伺服的驱动器，适用于需要角度不断变化并可以保持的控制系统。其早期在模型上使用较多，主要用于模型的舵面，故称为舵机。在固定翼和单

旋翼无人机操纵系统中，舵机作为整个自动驾驶仪中的执行元件，输出力矩（或力）和角速度（或线速度），从而控制无人机姿态的稳定，如图 3-9 所示。

常用的舵机分为数字舵机和模拟舵机两种。数字舵机和模拟舵机在基本的机械结构方面是完全一样的，主要由电动机、减速齿轮、控制电路等组成。数字舵机和模拟舵机的最大区别体现在

图 3-9　舵机

控制电路上，数字舵机的控制电路比模拟舵机多了微处理器和晶振。数字舵机和模拟舵机的具体区别为处理接收机输入信号的方式和控制舵机电动机初始电流的方式。

1. 模拟舵机

模拟舵机在空载时，没有动力被传到舵机电动机。当有信号输入使舵机移动，或者舵机的臂受到外力时，舵机会做出反应，向舵机电动机传动动力（电压）。这种动力实际上每秒传送 50 次，被调制成开/关脉冲的最大电压并产生小段小段的动力。当加大每一个脉冲的宽度，电子变速器的效能就会出现，直到最大的动力/电压被传送到电动机，电动机转动，使舵机被指到一个新的位置。当舵机电位器通知电子部分它已经到达指定的位置后，动力脉冲就会减小脉冲宽度，并使电动机减速，直到没有任何动力输入，电动机完全停止。

假设有一个短促的动力脉冲，紧接着一个很长的停顿，其并不能给电动机施加多少激励，使其转动。这意味着如果有一个比较小的控制动作，舵机就会发送很小的初始脉冲到电动机，这是非常低效率的。这也是为什么模拟舵机有"无反应区"的存在。例如，舵机对于发射机的细小动作反应非常迟钝，或者根本就没有反应。

2. 数字舵机

因为数字舵机具有微处理器，所以可以在将动力脉冲发送到舵机电动机之前对输入的信号根据设定的参数进行处理。这意味着动力脉冲的宽度，即激励电动机的动力，可以根据微处理器的程序运算而调整，以适应不同的功能要求，并优化舵机的性能。

数字舵机还以高得多的频率向电动机发送动力脉冲，传统舵机为 50 脉冲/s，数字舵机为 300 脉冲/s。虽然因为频率高，每个动力脉冲的宽度被减小，但电动机在同一时间里收到了更多的激励信号，并转动得更快。这也意味着不仅仅舵机电动机以更高的频率响应发射机的信号，而且"无反应区"变小，反应变得更快，加速和减速时也更迅速、更柔和。

3.3.2　舵机的结构及性能

1. 舵机的结构

舵机是集成了直流电动机、电动机控制器和减速器等系列元器件的机电一体化产品，是封装在一个便于安装的外壳里的伺服单元，能够利用简单的输入信号比较精确地控制转动角度。

舵机内部有一个电位器（或其他角度传感器），用于检测齿轮箱输出轴的转动角度，控制板根据电位器的信息能比较精确地判断、控制和保持输出轴的角度。这样的直流电动机

控制方式称为闭环控制。

舵机的主体结构主要包括外壳、减速齿轮组、电动机、电位器和控制电路等，如图 3-10 所示。

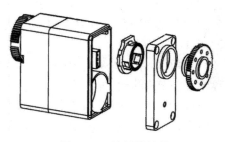

舵机的工作原理是控制电路接收信号源的控制信号，并驱动电动机转动；减速齿轮组将电动机的速度成倍数地缩小，并将电动机的输出转矩放大相应倍数并输出；电位器和减速齿轮组的末级一起转动，测量舵机轴的转动角度；电路板检测并根据电位器判断舵机的转动角度，然后控制舵机转动到目标角度或保持在目标角度。

图 3-10 舵机的结构

舵机的外壳一般具有较为标准化的尺寸（根据厂家不同略有差异），以便于使用设备模块化地设计和安装。大部分舵机采用塑胶制造的外壳，特殊的舵机可能会采用铝合金外壳（能够提供更好的散热，可以让舵机内的电动机运行在更高功率下，以提供更高的转矩输出）。同时，铝合金外壳也可以提供更牢固的固定位置。

舵机的齿轮箱如图 3-11 所示。齿轮箱中的齿轮分为塑料齿轮、混合齿轮和金属齿轮。塑料齿轮的成本低、噪声小，但强度较低。金属齿轮强度高，但成本高，在装配精度一般的情况下会有较大的噪声。小转矩舵机、微舵、转矩大但功率密度小的舵机一般用塑料齿轮。混合齿轮在金属齿轮和塑料齿轮之间做了折中，在电动机输出轴上的齿轮转矩一般不大，可以采用塑料齿轮。

2. 舵机的性能

舵机的性能主要有以下几个方面：转速、转矩、电压、尺寸、质量、材料等。当对舵机进行选型时，要对以上几个方面进行综合考虑。

1）转速

转速由舵机无负载的情况下转过 60° 所需时间来衡量，如图 3-12 所示。常见舵机的转速一般在 0.11～0.21 s/60°。

2）转矩

舵机转矩的单位是 kg·cm，该参数可以理解为在舵盘上距舵机轴中心水平 1 cm 处，舵机能够带动的物体的质量。舵机转矩如图 3-13 所示。

3）电压

厂商提供的舵机转速、转矩与测试电压有关，在 4.8 V 和 6.0 V 两种测试电压下这两个参数有比较大的差别。例如，Futaba S-9001 在 4.8 V 时扭力为 3.9 kg，转速为 0.22 s/60°；在 6.0 V 时扭力为 5.2 kg，转速为 0.18 s/60°。若无特别注明，JR 的舵机都以 4.8 V 为测试电压，Futaba 则以 6.0 V 作为测试电压。

目前，市面上的大部分舵机以 4.8 V/6.0 V 直流电源供电，但随着技术的发展，出现了能适应更高电压的舵机，如 Futaba 的 BLS157hv、JR 的 DS8921hv 等能支持 7.4 V 的高电压供电。高压舵机具有速度更快、转矩更大等特点。

图 3-11　舵机的齿轮箱

图 3-12　舵机的舵臂转角

舵机转矩=n kg·cm

图 3-13　转矩

4）其他

舵机的功率（转速×转矩）和舵机尺寸的比值称为该舵机的功率密度，一般同一品牌的舵机，功率密度大的性能更好，价格也更高。塑料齿轮的舵机在超出极限负荷的条件下使用可能会崩齿，金属齿轮的舵机则可能会出现电动机因过热损毁或外壳变形。

3.4　无人机的传感器系统

近年来，无人机技术得到迅速的发展，智能导航技术也从无到有，诸多新的软件和硬件产品陆续发布。无人机的智能程度越来越高，无人机技术之所以能够得到迅猛的发展，很大程度上依赖于无人机上搭载的传感器，传感器的技术成熟推动无人机技术的发展。

无人机上面搭载的传感器有陀螺仪、加速度计、磁罗盘、倾角传感器、电流传感器、超声波传感器、光流测速计及视觉传感系统中的摄像机。

3.4.1　陀螺仪

陀螺仪（见图 3-14）是一种用来传感与维持方向的装置，基于角动量守恒的理论设计。陀螺仪主要由一个位于轴心且可旋转的转子构成。陀螺仪一旦开始旋转，由于转子的角动量，陀螺仪有抗拒方向改变的趋向。

1.　陀螺仪的作用

通过前面理论知识的学习，了解到无人直升机的尾桨用于产生抵消主旋翼的反扭力。无人直升机在空中飞行，只有当主旋翼产生的转矩等于尾桨推力产生的转矩时才能实现中航向力矩的平衡（保持机头有固定的指向）。

当无人直升机需要改变机头指向时，需要操作尾翼改变尾桨转矩，以改变机身反扭力的现机身转向。无人直升机的反扭力如图 3-15 所示。

但是，在非主动操作的情况下，用手动操作的方式保持主旋翼转矩和尾桨产生的反扭力的大小相等是非常困难的。

（1）在无人直升机进行舵面操作时（无论是前后俯仰、横向翻滚还是垂直升降），由于主旋翼的状态改变，主旋翼所产生的反扭力大小也会改变，这会造成无人机的机头指向改变。

图 3-14　陀螺仪

图 3-15　无人直升机的反扭力

（2）当无人直升机遇到侧飞时，会造成尾桨产生的推力改变，从而改变无人直升机的机头指向。

（3）当发动机的输出功率改变时，会直接造成主旋翼的转矩产生变化，同样也会造成无人直升机的机头指向改变。

因此，尾桨的控制状态是需要时刻改变的，特别是微小型的无人直升机甚至航模，依靠手动操作的形式调整尾桨反转矩的大小来控制无人直升机机头保持固定的指向很难实现，这就需要一个辅助的设备——陀螺仪来进行自动控制。

无人直升机使用的陀螺仪是一个角速度传感器。通过陀螺仪测量无人直升机在外力或者主动操作时造成的机体旋转角速度，然后根据该角速度由相应的控制程序调整尾桨的反转矩大小以保持机身（机头）的指向，陀螺仪外形如图 3-16 所示。

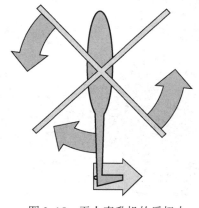

2. 陀螺仪的分类

高速旋转的物体具有陀螺效应，陀螺仪正是利用陀螺效应制造出来的一种用于测量物体旋转角速

图 3-16　无人机上的陀螺仪

度的传感器。陀螺仪在智能控制领域具有非常广泛的应用。利用陀螺仪的动力学特性制成的仪表或装置主要有以下几种：

（1）陀螺方向仪。陀螺方向仪是能给出飞行物体转弯角度和航向指示的陀螺装置，它是三自由度均衡陀螺仪，其底座固连在无人机上，转子轴提供惯性空间的给定方向。若开始时转子轴水平放置并指向仪表的零方位，则当无人机绕铅直轴转弯时，仪表就相对转子轴转动，从而能给出转弯的角度和航向的指示。由于摩擦及其他干扰，转子轴会逐渐偏离原始方向，因此每隔一段时间（如 15 min）必须对照精密罗盘进行一次人工调整。

（2）陀螺罗盘。陀螺罗盘是供航行和飞行物体作方向基准用的寻找并跟踪地理子午面的三自由度陀螺仪。其外环轴为铅直，转子轴水平置于子午面内，正端指北，其重心沿铅垂轴向下或向上偏离支承中心。转子轴偏离子午面的同时偏离水平面，产生重力矩，使陀螺旋进到子午面,这种用重力矩的陀螺罗盘称为摆式罗盘。在21世纪,陀螺罗盘已发展为利用自动控制系统代替重力摆的电控陀螺罗盘,并创造出能同时指示水平面和子午面的平台罗盘。

(3)陀螺垂直仪。陀螺垂直仪是利用摆式敏感元件对三自由度陀螺仪施加修正力矩以指示地垂线的仪表。陀螺垂直仪的壳体利用随动系统跟踪转子轴位置,当转子轴偏离地垂线时,固定在壳体上的摆式敏感元件输出信号,使力矩器产生修正力矩,转子轴在修正力矩作用下旋进回到地垂线位置。陀螺垂直仪是除陀螺摆以外应用于航空和航海导航系统的又一种地垂线指示测量仪表。

(4)陀螺稳定器。陀螺稳定器是稳定船体的陀螺装置。20世纪初使用的施利克被动式稳定器实际上是一个装在船上的大型二自由度重力陀螺仪,其转子轴铅直放置,框架轴平行于船的横轴。船体侧摇时,陀螺力矩迫使框架携带转子一起相对于船体旋进。这种摇摆式旋进引起另一陀螺力矩对船体产生稳定作用。斯佩里主动式稳定器是在上述装置的基础上增加了一个小型操纵陀螺仪,其转子沿船横轴放置。一旦船体侧倾,小陀螺仪沿其铅直轴旋进,从而使主陀螺仪框架轴上的控制电动机及时开动,在该轴上施加与原陀螺力矩方向相同的主动力矩借以加强框架。

(5)速率陀螺仪。速率陀螺仪是用以直接测定运载器角速率的二自由度陀螺装置。把均衡陀螺仪的外环固定在运载器上并令内环轴垂直于要测量角速率的轴,当运载器连同外环以一定角速度绕测量轴旋进时,陀螺仪产生的力矩将迫使内环连同转子一起相对运载器旋进。陀螺仪中有弹簧限制这个相对旋进,而内环的旋进角正比于弹簧的变形。由平衡时的内环旋进角即可求得运载器的角速率。

(6)陀螺稳定平台。陀螺稳定平台以陀螺仪为核心元件,可使被稳定对象相对于惯性空间的给定姿态保持稳定。陀螺稳定平台又称陀螺平台、惯性平台,是利用陀螺仪特性保持平台台体方位稳定的装置。其用来测量运动载体姿态,并为测量载体线加速度建立参考系,或用于稳定载体上的某些设备。陀螺稳定平台根据对象能保持稳定的转轴数目分为单轴、双轴和三轴陀螺稳定平台。陀螺稳定平台可用来稳定那些需要精确定向的仪表和设备,如测量仪器、天线等,并已广泛用于航空和航海的导航系统及火控系统、雷达的万向支架等支承设备。

(7)陀螺仪传感器。陀螺仪传感器是一个简单易用的基于自由空间移动的定位和控制系统。陀螺仪传感器原本是运用在直升机模型上的,现在已经被广泛运用于手机这类移动便携设备上(如iPhone的三轴陀螺仪技术等)。

(8)光纤陀螺仪。光纤陀螺仪是以光导纤维线圈为基础的数感元件,由激光二极管发射出的光线朝两个方向沿光导纤维传播。光线传播路径的变化决定了敏感元件的角位移。光纤陀螺仪与传统的机械陀螺仪相比,优点是全固态,没有旋转部件和摩擦部件,寿命长,动态范围大,瞬时启动,结构简单,尺寸小。与激光陀螺仪相比,光纤陀螺仪没有闭锁问题,也不用石英块来加工密精光路,成本较低。

(9)激光陀螺仪。激光陀螺仪的原理是利用光程差来测量旋转角速度。在闭合光路中,由同一光源发出沿顺时针方向和逆时针方向传输的两束光和光干涉,利用检测相位差或干涉条纹的变化,就可以测出闭合光路的旋转角速度。

3.4.2 加速度计

加速度计是很多无人机的标配，主要用于确定位置和无人机的飞行姿态，在维持无人机飞行控制中起到关键的作用。MEMS 加速度计有多种方式感知运动姿态，能够感知微型集成电路的微小运动。这类运动改变了结构中电流的移动，从而指示与重力有关的位移变化。

加速度计用于测量加速度。借助一个三轴加速度计可以测得一个固定平台相对地球表面的运动方向，但是一旦平台运动起来，情况就会变得复杂得多。如果平台做自由落体运动，则加速度计测得的加速度值为零。如果平台朝某个方向做加速度运动，则各个轴向加速度值会含有重力产生的加速度值，导致无法获得真正的加速度值。例如，安装在 60°横滚角无人机上的三轴加速度计会测得 2 g 的垂直加速度值，而事实上无人机相对于地表面是 60°的倾角。因此，单独使用加速度计无法使无人机保持一个固定的航向。

加速度计在较长时间范围的测量值（确定飞机航向）是正确的，而在较短时间内由于信号噪声的存在有误差；陀螺仪在较短时间内则比较准确，而在较长时间范围会由于漂移的存在有误差。因此，需要两者（相互调整）来共同确保航向的正确。无人机上搭载的加速度计如图 3-17 所示。

图 3-17　无人机上搭载的加速度计

即使使用了两者，也只可以测得无人机的前后俯仰和横向翻滚角度。对于偏航角度，由于偏航角和重力方向正交，无法用加速度计测量得到，因此还需要采用其他设备来校准测量偏航角度的陀螺仪的漂移值。校准设备可以使用磁罗盘（电子罗盘，对磁场变化和惯性力敏感）或者 GPS。

IMU 组合（融合）来自两个或以上的传感器（如陀螺仪、加速度计、磁罗盘和 GPS）信息，用于无人机相对地球的航向矢量和速度矢量。这种融合算法相当复杂，同时还需要对这些电子器件固有的测量噪声进行特殊滤波。

3.4.3 磁罗盘

加速度计和陀螺仪只能提供姿态参考，并不能解算出正确的航向。而磁罗盘可通过感受地磁向量解算出模块与北向的夹角。磁罗盘的这个功能类似于指南针，所以又称电子指南针或者电子罗盘、磁力计。

1. 地磁场和航向角

如图 3-18 所示，地球的磁场像一个条形磁体一样由磁南极指向磁北极。在磁极点处磁场和当地的水平面垂直，在赤道磁场和当地的水平面平行，所以在北半球磁场方向倾斜指向地面。用来衡量磁感应强度大小的单位是 T 或者 G（1T=10 000 G）。随着地理位置的不同，通常地磁场的强度是 0.4~0.6 G。需要注意的是，磁北极和地理上的北极并不重合，通常它们之间有 11°左右的夹角。

地磁场是一个矢量，对于一个固定的地点来说，该矢量可以被分解为两个与当地水平面平行的分量和一个与当地水平面垂直的分量，如图 3-19 所示，其中 H_x、H_y、H_z 为地磁场

矢量 **H** 在 3 个测量轴上的分量。如果保持电子罗盘和当地的水平面平行，那么罗盘中磁罗盘的 3 个轴就和这 3 个分量对应起来。

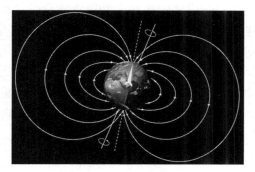

图 3-18　地球的磁场

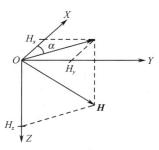

图 3-19　地磁场矢量分解

实际上，对于水平方向的两个分量来说，它们的矢量和总是指向磁北的。罗盘中的航向角（Azimuth）就是当前方向和磁北的夹角。由于罗盘保持水平，因此只需要用磁罗盘水平方向两轴（通常为 X 轴和 Y 轴）的检测数据就可以计算出航向角。当罗盘水平旋转时，航向角在 $0°\sim360°$ 变化。

2. 磁罗盘的惠斯通电桥

现以 LSM303DLH 中的磁罗盘来解释磁罗盘的原理。在 LSM303DLH 中，磁罗盘采用各向异性磁致电阻（Anisotropic Magneto-Resistance，AMR）材料来检测空间中磁感应强度的大小。这种具有晶体结构的合金材料制成的电阻对外界的磁场很敏感，磁场的强弱变化会导致自身电阻值发生变化。

LSM303DLH 中的磁罗盘利用惠斯通电桥检测桥臂阻值的变化，如图 3-20 所示。R_1、R_2、R_3 和 R_4 的初始状态值是相同的，但是 R_1/R_2 和 R_3/R_4 具有相反的磁化特性。当 AMR 检测到外界磁场时，R_1/R_2 的阻值会增加 ΔR，而 R_3/R_4 会减少 ΔR。这样在没有外界磁场的情况下，电桥的输出为零；而在有外界磁场时，电桥的输出为一个微

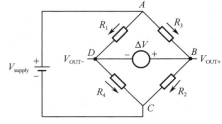

图 3-20　惠斯通电桥

小的电压差 ΔV。磁罗盘就是利用惠斯通电桥检测 AMR 阻值的变化来感觉外部磁力的。

3.4.4　倾角传感器

倾角传感器又称作倾斜仪、测斜仪、水平仪、倾角计，经常用于系统的水平角度变化测量，水平仪从过去简单的水泡水平仪到现在的电子水平仪是自动化和电子测量技术发展的结果。作为一种检测工具，它已成为桥梁架设、铁路铺设、土木工程、石油钻井、航空航海、工业自动化、智能平台、机械加工等领域不可缺少的测量工具。

无人机上安装了大量的倾角传感器，用于实时监测飞机的飞行姿态，通过无线电波传输到地面控制中心。高精度倾角传感器系列属于高精度、高稳定性产品，在飞机姿态校准、帆船姿态控制等领域有广泛的应用。

3.4.5　电流传感器

电流传感器是一种检测装置，其能感受到被测电流的信息，并能将检测感受到的信息按一定规律变换成为符合一定标准需要的电信号或其他所需形式的信息输出，以满足信息的传输、处理、存储、显示、记录和控制等要求。在无人机中，电能的消耗和使用非常重要，尤其是在电池供电的情况下。电流传感器可用于监测和优化电能消耗，确保无人机的内部电池充电和电动机故障检测系统的安全。电流传感器工作在理想的情况下可提供电气隔离，以减少电能损耗，消除会损坏用户系统的电击故障。同时，具有快速响应时间和高精度的电流传感器还可优化无人机电池的寿命和性能。

3.4.6　超声波传感器

超声波传感器是将超声波信号转换成其他能量信号（通常是电信号）的传感器。超声波是振动频率高于 20 kHz 的机械波。它具有频率高、波长短、绕射现象小、方向性好、能够成为射线而定向传播等特点。超声波对液体、固体的穿透能力很强，尤其是在不透明的固体中。超声波遇到杂质或分界面会产生显著反射，形成反射回波，遇到活动物体能产生多普勒效应。超声波传感器广泛应用在工业、国防、生物医学等方面。

在无人机中，一种较为简单的能够替代 GPS 测量高度的传感器是小型超声波模块（图 3-21）。这种模块通常有一收一发两个探头，一个探头发出超声波，另一个探头测量回波的时间，从而计算出导致声波反弹的物体离探头的距离。小型超声波模块发出的声波容易发散，探测到的物体不一定位于探头正前方。另外，声波也容易被空气中的水雾、振动所影响，有可能给出完全错误的观测结果。因此，小型超声波模块最好的使用场景是对着地面，测量自身和地面的距离。

图 3-21　小型超声波模块

3.4.7　光流测速计

光流测速计只能测量速度。通常一个光流测速计由一个照相机、一个惯性测量元件和一个超声波模块构成，它的主要原理是于 1981 年从计算机视觉技术中发展出来的光流追踪算法。

光流的概念最早在 20 世纪 50 年代由心理学家和生物学家提出，是指一个观察者和他在观察的事物发生相对运动时，这些事物在他眼前的成像会产生"运动的模式"，人脑利用这种"运动的模式"能够更灵敏地感知周围的什么事物在动。

计算机科学家布鲁斯·卢卡斯和金出武雄于1981年发明了 Lucas-Kanade 算法，通过该算法可计算出连续拍摄的图片上的光流，并证明了通过光流可以反解出相对运动的速度。

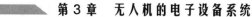

虽然多年来 Lucas-Kanade 算法始终被公认为最好的光流追踪算法，但是它有比较大的局限性，且包含很多假设，如假设连续图片的平均亮度相同、假设图片中的物体只发生平面运动等。另外，光流追踪算法计算出的速度是没有尺度的，因为照相机图像的单位是像素，所以光流追踪算法只能给出"你现在的速度是 10 像素每秒"，但是无法算出 10 像素对应的是 1 cm 还是 1 m。

恢复尺度的方式是增加一个超声波模块，以测量平面运动离照相机的距离，这样就能够把像素运动转换成真实的运动。最后，如果要让光流测速计在飞来飞去的多旋翼飞行器上也能使用，通过惯性测量元件找出图像所代表的平面也是必不可少的，这一点需要在算法上使两种传感器很好地配合。

光流追踪算法在原理上只可以测量三维速度，不能直接测量三维位置。可以通过光流测速计测出的三维速度积分获得三维位置，但是就像惯性测量元件积分会发散一样，光流测速计积分得到的位置也会发散。但是其不会失去控制，和组合导航技术中除 GPS 外的传感器妥善融合之后，它可以做到悬停时测量的位置不发散。因此，光流测速计只在有限的条件下能够替代 GPS。

光流测速计已经形成了非常标准的解决方案。例如，大疆悟及精灵 3 上都装载了自主研发的光流测速计；另外，著名的开源飞控产品 Pixhawk 中包含一个称为 PX4Flow 的光流测速计，并且开源了所有的代码和硬件方案。所以，光流测速计目前已经广泛出现在了各大厂商的多旋翼飞行器产品上，如图 3-22 所示。

图 3-22　无人机搭载的光流测速计

3.4.8　摄像机

摄像机是机器视觉系统中的一个关键组件，其最本质的功能就是将光信号转变成为有序的电信号。选择合适的摄像机也是机器视觉系统设计中的重要环节，摄像机的参数不仅直接决定所采集到的图像分辨率、图像质量等，同时也与整个系统的运行模式直接相关。感光芯片是摄像机的核心部件，目前摄像机常用的感光芯片有 CCD 和 CMOS 两种。CCD 称为电荷耦合器件，可以将由光产生的信号电荷有组织地储存起来。CMOS（互补金属氧化物半导体）可以将光敏元件、放大器、模/数（A/D）转换器、存储器、数字信号处理器和计算机接口控制电路集成在一块硅片上，具有结构简单、处理功能多、速度快、耗电少、成本低等特点。摄像机的主要参数包括以下几方面。

1. 分辨率

分辨率（Resolution）即摄像机每次采集图像的像素数（Pixels），对于数字摄像机一般是直接与光电传感器的像元数对应的，对于模拟摄像机则是取决于视频制式，PAL 制为768×576，NTSC 制为640×480。

2. 像素深度

像素深度（Pixel Depth）即每像素数据的位数，一般常用的是 8 bits，对于数字摄像机一般还会有 10 bits、12 bits 等。

3. 最大帧率/行频

最大帧率（Frame Rate）/行频（Line Rate）即摄像机采集传输图像的速率，对于面阵摄像机一般为每秒采集的帧数，对于线阵摄像机为每秒采集的行数（Hz）。

4. 曝光方式和快门速度

对于线阵摄像机都采用逐行曝光方式（Exposure），可以选择固定行频与外触发同步的采集方式，曝光时间可以与行周期一致，也可以设定一个固定的时间；对面阵摄像机有帧曝光、场曝光和滚动行曝光等几种常见方式，对数字摄像机一般都提供外触发采图的功能。快门速度（Shutter）一般可到 10 μs，高速摄像机还可以更快。

5. 像元尺寸

像元尺寸（Pixel Size）指相机成像元素像素的尺寸，它和像元数（分辨率）共同决定了摄像机靶面的大小。目前数字摄像机像元尺寸一般为 3～10 μm，一般像元尺寸越小，制造难度越大，图像质量也越不容易提高。

6. 光谱响应特性

光谱响应特性（Spectral Range）指该像元传感器对不同光波的敏感特性，一般响应范围是 350～1000 nm，一些摄像机在靶面前加了一个滤镜，滤除红外光线，如果系统需要对红外感光时可去掉该滤镜。

3.5　无人机的摄像系统

摄像机的种类繁多，其工作的基本原理都是一样的，即把光学图像信号转变为电信号，以便于存储或者传输。当拍摄一个物体时，此物体上反射的光被摄像机镜头收集，使其聚焦在摄像器件的受光面（如摄像管的靶面）上，再通过摄像器件把光转变为电能，即得到了"视频信号"。光电信号很微弱，需通过预放电路进行放大，再经过各种电路进行处理和调整，最后得到的标准信号可以送到录像机等记录媒介上记录下来，或通过传播系统传播，或送到

图 3-23　无人机云台搭载的摄像机

监视器上显示出来。图 3-23 所示为无人机云台搭载的摄像机。

3.5.1 摄像机的组成

如图 3-24 所示，摄像机主要由镜头、影像传感器（CCD/CMOS）和 DSP 等组成。

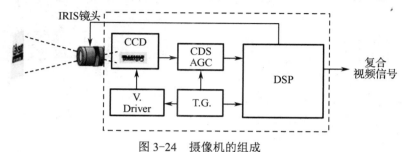

图 3-24 摄像机的组成

（1）镜头。镜头的作用是将外界的景物成像在影像传感器上。

（2）影像传感器。影像传感器的作用是将传感器上接收的光信号（物体的像）转化为电信号，并通过驱动电路逐点输出。

（3）DSP。DSP 主要对影像传感器输出的图像信号进行处理，如色彩、锐度、白平衡等。

现在无人机上搭载的都是网络摄像机，其是传统摄像机与网络视频技术相结合的新一代产品。摄像机传送来的视频信号数字化后由高效压缩芯片压缩，通过网络总线传送到 Web 服务器。网络上的用户可以直接用浏览器观看 Web 服务器上的摄像机图像，授权用户还可以控制摄像机云台镜头的动作或对系统配置进行操作。网络摄像机能更简单地实现监控（特别是远程监控）及施工和维护，更好地支持音频及报警联动，同时具有更灵活的录像存储、更丰富的产品选择、更清晰的视频效果和更完美的监控管理。另外，网络摄像机支持 Wi-Fi 无线接入、3G 接入、POE（Power Over Etherent）供电（网络供电）和光纤接入。

网络摄像机是基于网络传输的数字化设备，除具有普通复合视频信号输出接口 BNC（Bayonet Nut Connector）外，还有网络输出接口，可直接将摄像机接入本地局域网。网络摄像机的组成如图 3-25 所示。

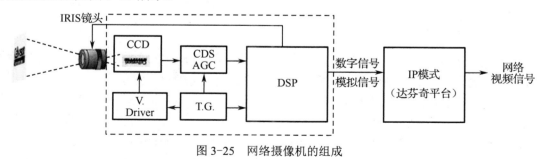

图 3-25 网络摄像机的组成

网络摄像机的组成比普通摄像机多了一个 IP 模块，其作用是将相关的图像信号编码成为网络视频信号。图 3-26 所示为无人机搭载的网络摄像机。

3.5.2 摄像机的主要参数

由于摄像机的核心部件是 CCD，因此其主要参数大多与 CCD 有关。摄像机的主要参数如下。

（1）CCD 尺寸。CCD 尺寸即摄像机靶面。CCD 尺寸原先多为 12 in，现在 13 in 已普及化，14 in 和 15 in 也已商品化。

（2）CCD 像素。CCD 像素是 CCD 的主要性能指标，它决定了显示图像的清晰程度，分辨率越高，图像细节的表现越好。

图 3-26　无人机搭载的网络摄像机

CCD 由面阵感光元素组成，每一个元素称为像素，像素越多，图像越清晰。现在市场上的大多数摄像机的 CCD 像素为 25 万和 38 万，38 万像素以上的为高清晰度摄像机。

（3）水平分辨率。彩色摄像机的典型分辨率为 320～500 电视线（TV Lines，以下简称线），主要有 330 线、380 线、420 线、460 线、500 线等不同档次。分辨率不仅与 CCD 和镜头有关，还与摄像头电路通道的频带宽度直接相关，通常规律是 1 MHz 的频带宽度相当于清晰度为 80 线。频带越宽，图像越清晰，线数值相对越大。

（4）最小照度。最小照度又称灵敏度，是 CCD 对环境光线的敏感程度，或者说是 CCD 正常成像时所需要的最暗光线。照度的单位是勒克斯（lx），数值越小，表示需要的光线越少，摄像头也越灵敏。月光级和星光级等高增感度摄像机可工作在很暗的条件下，2～3 lx 属于一般照度。

（5）扫描制式。扫描制式有 PAL 制和 NTSC 制之分。

（6）摄像机电源。摄像机交流电源电压有 220 V、110 V、24 V，直流电源电压有 12 V 和 9 V。

（7）信噪比。典型值信噪比为 46 dB。若信噪比为 50 dB，则图像有少量噪声，但图像质量良好；若信噪比为 60 dB，则图像质量优良，不出现噪声。

（8）视频输出。视频输出多为 1 V、75 Ω，均采用 BNC 接口。

（9）镜头安装方式。镜头安装方式包括 C 和 CS，二者的不同之处在于感光距离不同。

3.5.3 摄像系统的作用

目前，大部分多旋翼无人机将摄像机作为传感器用于测速、目标跟踪和避障等，主要的应用包括无人机的航空拍摄、无人机的遥感测绘、无人机的摄影测量等。

在 1970 年后，随着数字成像技术的发展，照相机作为一种传感器开始被广泛研究。因为人可以通过自己的视觉估计视野中物体的位置、距离，而照相机的原理模拟了人的双眼，所以研究者们模仿人的特点，利用照相机的二维图像反推图像中物体的三维信息。这种和二维图像推算三维信息相关的技术和数学理论发展成了一个独立的学科——计算机视觉，也称机器视觉。

视觉感知系统是目前世界上热门的机器人学和机器视觉领域的研究课题，其原理是利用一个或者多个照相机构成的视觉传感器系统，采用复杂的算法，通过二维的照相机图像推算出视野中物体相对于视觉传感器系统的几何中心的运动信息。如果假设这些物体都是静止的，那么相对运动其实代表了视觉传感器本身的运动。理论上，计算机视觉技术能够单凭一个照相机就可以准确测量 15 个状态量，但是与其他传感器类似，照相机也有很多缺陷，包括无法恢复尺度、成像质量有限、计算量消耗巨大等。不过可以把视觉感知系统和其他传感器结合起来，互相提高测量精度。前面提到的光流测速计也是视觉感知系统的一种。图 3-27 所示为大疆悟及精灵 3 上装载的自主研发的光流测速计。

图 3-27　大疆无人机装载的光流测速计

　　视觉里程计比光流测速计的能力更强，性能更好。视觉里程计能够直接测量位置，测量值也比较准确，不会像光流测速计那样发散。通常比较优秀的视觉里程计飞 100 m 之后只会积累十几厘米到几十厘米的误差。视觉里程计有几个不同层次的难度，最简单的是由两个照相机构成的双目立体视觉系统加惯性测量元件，最难的是一个照相机构成的单目视觉系统加惯性测量元件。如果视觉里程计和光流测速计硬件一致，那么这里的视觉里程计采用的是单目视觉系统。目前，双目立体视觉系统加惯性测量元件实现自身状态观测已经是比较完善的技术，而单目视觉系统则是活跃的研究方向。单目视觉系统和双目立体视觉系统相比，它们的算法难度差别很大。视觉里程计算法的关键是"通过连续的图像反推出视野中物体的三维位置"。对于和人眼结构类似的双目立体视觉系统，这一点比较容易，因为一个物体同时出现在左右两个照相机的视野中时左右视野有视差，视差可以帮助解算物体的位置，只需要用简单的几何关系就可以实现，这已经是非常成熟的技术。但是，对于单目视觉系统，只有一个照相机故没有视差，无法进行简单的几何关系解算，所以算法必须智能地在局部范围内同时估计很多个物体的位置，并在自身移动过程中通过位置移动产生视差，然后进行多个物体的位置的最大似然估计，从而推算出这些物体比较准确的位置。这个过程包括很多环节，大部分环节在学术界没有公认的最优方案，因此还没有成熟的技术。

　　图 3-28 所示为大疆精灵 4 上的双目立体视觉系统加惯性测量元件构成的视觉里程计。该无人机上装了两套双目立体视觉系统，一套向前看，一套向下看，共 4 个照相机。

图 3-28　大疆无人机装载的视觉里程计

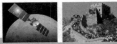
习题 3

1. 无人机的自动驾驶仪由哪些部分组成？
2. 无人机的飞控板有哪些功能？
3. 什么是 GPS？GPS 由哪几部分组成？
4. 什么是惯性导航系统？由哪几部分组成？各有什么作用？
5. 舵机的性能参数有哪些？
6. 无人机上常用的传感器有哪些？各有什么作用？
7. 无人机上摄像机的主要参数有哪些？

第4章

无人机的组装与调试

前面读者已经学习了无人机的动力系统、通信系统及各类电子设备的使用，这些都是无人机必不可少的设备。本章主要介绍无人机的组装与调试。通过本章的学习，读者将会掌握以下内容：

- 无人机组装与调试需要的工具及材料；
- 无人直升机的组装与调试；
- 固定翼无人机的组装与调试；
- 多旋翼无人机的组装与调试；
- 大疆精灵 3 的系统拆装。

4.1 无人机组装与调试常用的工具及材料

4.1.1 工具

组装与调试无人机常用的工具有各种型号的螺钉旋具套件、老虎钳和尖嘴钳、电烙铁、万用表、尼龙扎带等，如图 4-1 所示。

图 4-1　无人机组装与调试常用的工具

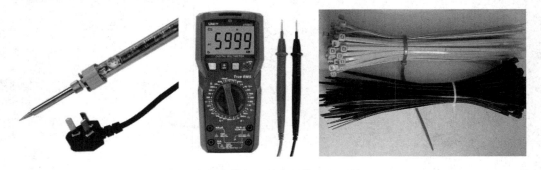

图 4-1 无人机组装与调试常用的工具（续）

4.1.2 材料

由于现在市面上多旋翼无人机的使用率和普及性较高，因此这里以多旋翼无人机为例来讲解无人机组装与调试需要用到的材料。

组装与调试无人机需要用到的零件、材料有无人机机架，包括机臂、支撑板、旋翼防护架、脚架和若干螺钉，如图 4-2 所示。

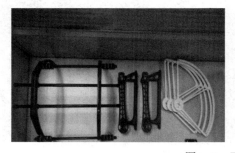
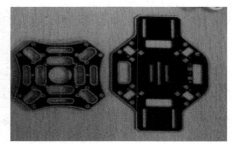

图 4-2 无人机机架

无人机动力系统需要的材料包括 4 个旋翼（两正两反）、4 个电动机（两个正牙、两个反牙），如图 4-3 所示。

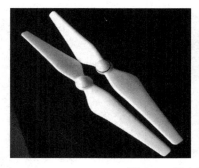

图 4-3 无人机动力系统所需材料

无人机自动驾驶仪需要的材料包括 4 个电调、1 个飞控板、遥控器与接收机、电流计、蜂鸣器、安全开关、XT60 带线插头、GPS 模块，如图 4-4 所示。

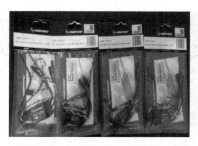

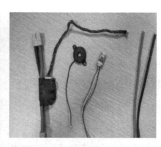
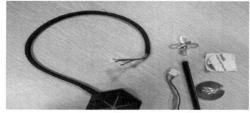

图 4-4　无人机自动驾驶仪所需材料

无人机供电系统需要的材料是无人机专用锂电池，如图 4-5 所示。

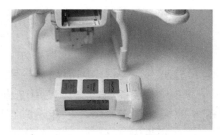

4.2　无人直升机的组装与调试

4.2.1　组装步骤

1. 安装自动驾驶仪

图 4-5　无人机专用锂电池

安装自动驾驶仪时应注意飞控敏感元件的防震处理，特别是 IMU 的防震处理。IMU 的安装如图 4-6 所示。IMU 是用于测量无人机运动姿态的姿态传感器，要求水平（与无人机轴向平行或重合）安装且靠近无人机重心处［越靠近重心，则越能提高控制（测量）的精度］。同时，GPS 和磁罗盘的安装也有一定的位置和方向要求。磁罗盘是通过检测地磁场来确定飞行器的指向的，因此要求安装在远离电磁干扰的位置（如电台、发动机火花塞、磁电动机、电动机等），同时应远离铁质物件（靠近铁质物件会严重影响磁罗盘的工作精度，包括铁质的螺栓等）。在通常许多型号的自动驾驶仪中，常把 GPS 接收天线和磁罗盘设计在同一部件或模块内。另外，应注意 LED 指示灯应安装在整机外壳外、机身后等易于地面操控手观察的位置。

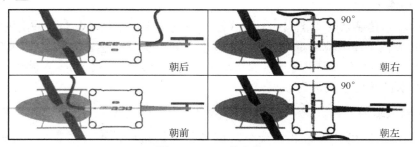

图 4-6　IMU 的安装

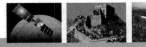

2. 安装接收机

安装接收机时应注意进行减震处理，以避免无人机在飞行过程中由于机体震动而造成的线路脱离问题。如果无人机使用的是2.4G的双天线接收机，则在安装时应该把两根短的天线呈90°布置，以确保接收信号时无死角。使用接收机时应尽可能保持天线外端的平直。接收机的安装如图4-7所示。

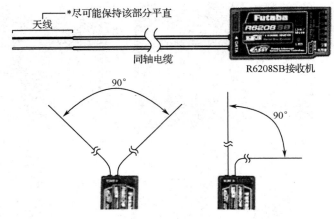

图4-7　接收机的安装

3. 安装舵机

（1）确认舵机的接线方向是正确的（黑线接地，红线提供电源，白/黄线为信号线），并且确认根据自动驾驶仪/接收机对应的通道接插舵机。插拔舵机线时要注意只能拉拽舵机线上的塑料插头，以免损坏导线。

（2）如果舵机线的长度不足，应使用专用的舵机延长线。舵机线不宜拉拽过紧，以免无人机在飞行过程中因震动而导致导线脱离。

（3）安装舵机时必须使用舵机附带的橡胶减震垫，不宜把安装螺栓拧得过紧，舵机外壳不应接触到飞行器，以免造成震动磨损。

（4）安装舵臂时应通电使舵机回中，即开启发射机和接收机的电源，把发射机的微调归零，并把操作杆推到中间位置，找到舵机连杆与舵角（舵臂）垂直的位置，然后把舵角装到舵机上。舵机回中如图4-8所示，当舵臂与拉杆无法呈90°时，应当利用自动驾驶仪的调试软件调整中立点的位置。

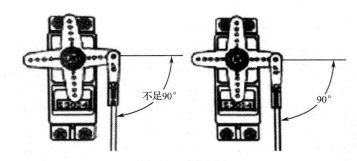

图4-8　舵机回中

4. 安装定速仪

对于采用霍尔传感器（见图4-9）模式定速的定速仪，需要在发动机输出轴上安装嵌入磁铁，安装时应预先通电检测霍尔传感器的探头极性（霍尔传感器只对磁铁N/S两极中的一头有感应），同时要注意霍尔传感器探头与磁铁间的距离为1～2 mm（见图4-10）。检测时应注意使探头的感应系数达到60%以上。

5. 安装机械结构

（1）应检查发动机同步带和尾架传动同步带的松紧度，不宜过紧以免造成传动带磨损，也不宜过松以免造成齿轮打滑，安装时以能精确传动且不相互干涉为准。

图 4-9　霍尔传感器

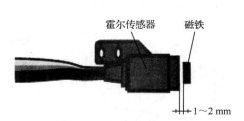

图 4-10　霍尔传感器与磁铁之间的安装距离

（2）应检查各零部件的安装可靠性，以免在飞行过程中发生意外。

6. 连接无人直升机的线路

遥控操作的无人直升机线路连接方式有两种，一种是纯手动操作模式下的遥控状态连接；另一种是需要辅助设备，如自动驾驶仪、无副翼系统、陀螺仪等模式下的线路连接。下面就这两种连接方式进行简单介绍。

1）手动遥控状态下的连接方式

手动遥控状态下的线路连接方式如图 4-11 所示。

采用这种方式连接的直升机，只有纯属手动模式的遥控操纵。遥

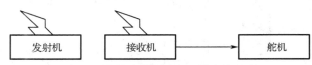

图 4-11　手动遥控状态下的连接方式

控器接收机输出的信号直接控制舵机执行相应的动作。目前，市面上有两类遥控器设备，一类是由遥控器的三通道为油门控制的遥控器，另一类是由遥控器的一通道为油门控制的遥控器。

一通道油门控制无人直升机遥控器的线路连接如图 4-12 所示。

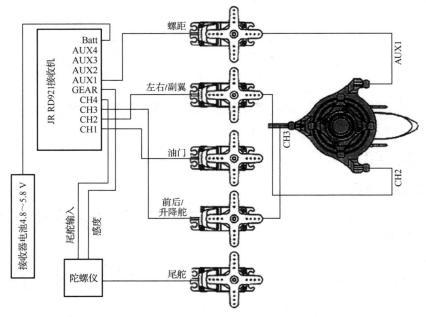

图 4-12　一通道油门控制无人直升机遥控器的线路连接

三通道油门控制无人直升机遥控器的线路连接如图 4-13 所示。

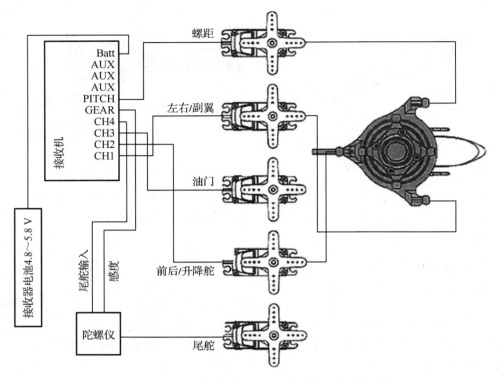

图 4-13　三通道油门控制无人直升机遥控器的线路连接

2）带辅助设备的连接方式

带辅助设备的连接方式如图 4-14 所示。

图 4-14　带辅助设备的连接方式

通常，在使用自动驾驶仪、无副翼陀螺仪或其他增稳设备时采用上述连接方式。大疆系列无人机带自动驾驶仪的线路连接方式如图 4-15 所示。

4.2.2　调试方法

1. 遥控器的基本设置

下面以 3ZD-10A 型植保无人直升机所配备的 SUPER 型遥控器为例讲解无人直升机的遥控器参数设置方法。

1）新建飞行器参数

大部分遥控器支持记录多组设备参数的功能，其中 SUPER 型遥控器可存储多达 20 组模型参数。新设置一组参数时，首先打开遥控器电源开关，然后双击 INK 键进入连接菜单，选择 MODEL SEL 菜单进入模型选择菜单。遥控器参数选择菜单如图 4-16 所示。

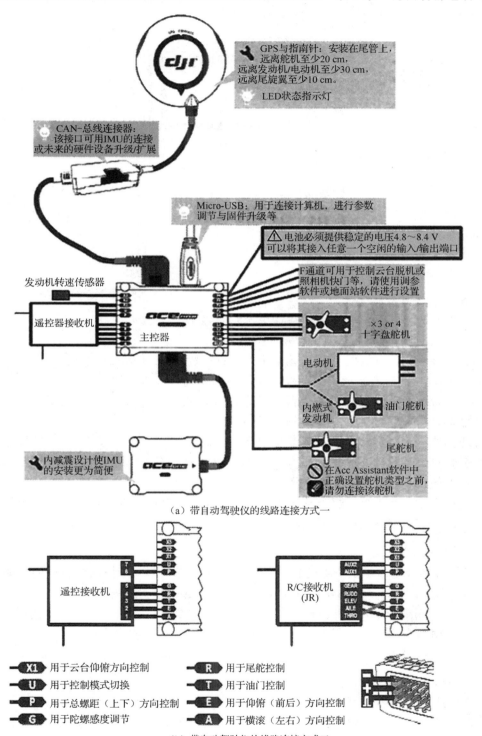

（a）带自动驾驶仪的线路连接方式一

GPS与指南针： 安装在尾管上，远离舵机至少20 cm，远离发动机/电动机至少30 cm，远离尾旋翼至少10 cm。

LED状态指示灯

CAN-总线连接器： 该接口可用IMU的连接或未来的硬件设备升级/扩展

Micro-USB： 用于连接计算机，进行参数调节与固件升级等

⚠ 电池必须提供稳定的电压4.8～8.4 V 可以将其接入任意一个空闲的输入/输出端口

发动机转速传感器

遥控器接收机

主控器

F通道可用于控制云台脱机或照相机快门等，请使用调参软件或地面站软件进行设置

×3 or 4 十字盘舵机

电动机

内燃式发动机

油门舵机

尾舵机

🚫 在Acc Assistant软件中正确设置舵机类型之前，请勿连接该舵机

内减震设计使IMU的安装更为简便

遥控接收机

R/C接收机 （JR）

X1 用于云台仰俯方向控制
U 用于控制模式切换
P 用于总螺距（上下）方向控制
G 用于陀螺感度调节
R 用于尾舵控制
T 用于油门控制
E 用于仰俯（前后）方向控制
A 用于横滚（左右）方向控制

（b）带自动驾驶仪的线路连接方式二

图 4-15 带自动驾驶仪的线路连接方式

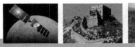

• 在连接菜单中选择模型选择（MODEL SELECT）选项，通过按RTN键调出设置屏幕 ——当前模型

• 选择该功能后，按RTN键，返回连接菜单（LINKAGE MENU）

传感器触摸 ——滚动 • 移动光标 • 选择模式

（模型列表）

图 4-16　遥控器参数选择菜单

在模型选择菜单，把光标移动至新模型 NEW 位置，按 RTN 键，当显示一个确认消息时，再次长按 RTN 键，此时便完成新建一组参数。当新建一组参数时，发射机会停止发送信号，并在模型选择菜单列表中显示出来。新建参数如图 4-17 所示。

2）选择飞行器类型

新建参数完成后，遥控器系统会直接跳转到模型类型选择菜单，此时可以确定或更改模型类型。

如图 4-18 所示，TYPE 为飞行器的类型（直升机/固定翼）。SWASH 为十字盘模式：采用遥控控制模式连接舵机时需根据无人直升机十字盘的类型选择相应的十字盘模式；采用自动驾驶仪等辅助设备时均选择 H-1 普通模式，因为大多数飞控等辅助设备是通过检测单个通道的信号参数作为控制指令工作的（自动驾驶仪等辅助设备可在其调试软件内设置十字盘类型）。

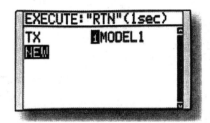

图 4-17　新建参数

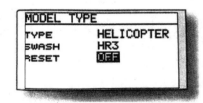

图 4-18　模型类型选择菜单

不允许使用任何混控功能，若选择其他十字盘模式，发射机会以混控模式输出控制信号。此时，十字盘的混控功能在自动驾驶仪等辅助设备内完成。

3）选择接收机类型

选择飞行器类型后，遥控器会自动跳转到频率设置菜单，应根据接收机的类型选择相应的发射机模式。其中，采用 7 通道的接收机时，在 FASST 模式中选择 7CH 模式；其他接收机类型选择 MLT2 或 MULT 模式。当选择 MLT2 模式时，发射机以 12 个比例通道模式工作；当选择 MULT 模式时，发射机以 8 个比例通道与 4 个虚拟通道模式工作。接收机频率设置菜单如图 4-19 所示。

4）重命名模式

在模式选择菜单中还可以完成模型参数的选择、复制、删除和重命名等操作。在该菜单下，选择需要使用的参数后，会进入图 4-20（a）所示菜单。此时把光标移动至重命名（RENAME）选项，系统会直接进入重命名菜单，如图 4-20（b）所示。

这时，移动光标选择需要命名的字符，按 ENTER 键即可完成重命名。

• 在连接菜单中选择频率
（FREQUENCY），通过
按RTN键调出设置屏幕

• 选择该功能后，按RTN
键返回连接菜单

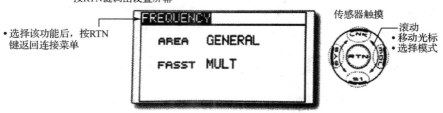

传感器触摸
• 滚动
• 移动光标
• 选择模式

图 4-19　接收机频率设置菜单

模型名（输入框）

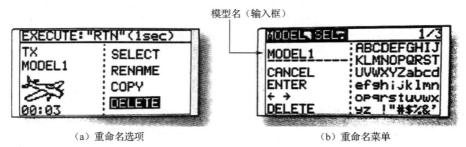

（a）重命名选项　　　　　　　　（b）重命名菜单

图 4-20　重命名模式

5）遥控器的对码

相同品牌遥控器的发射机和接收机是可以互换使用的，每个发射机都有一个唯一的 ID 码，发射机和接收机必须进行 ID 码配对即对码，未进行过配对的发射机和接收机是不能正常工作的。一旦配对成功，ID 码就会存储在接收机中，除非接收机和另一个发射机进行配对使用，否则以后就不再需要进行对码操作。对码步骤如下：

（1）把发射机和接收机放在一起（>1 m）。

（2）打开发射机电源，检查发射机正面的 LED 指示灯，当右侧的 LED 指示灯亮起时，表示发射机正常发送信号。

（3）打开接收机电源。

（4）按住连接/模式（Link/Mode）键（见图 4-21）大于 2 s，然后松开该键，接收机开始对码工作。

（5）当对码成功时，接收机的工作指示灯会变成绿色常亮，否则对码失败。对码时，如果周围有多个 FASST 工作模式的发射机在工作，可能会导致对码失败。

（6）重启接收机，检查其是否正常工作。

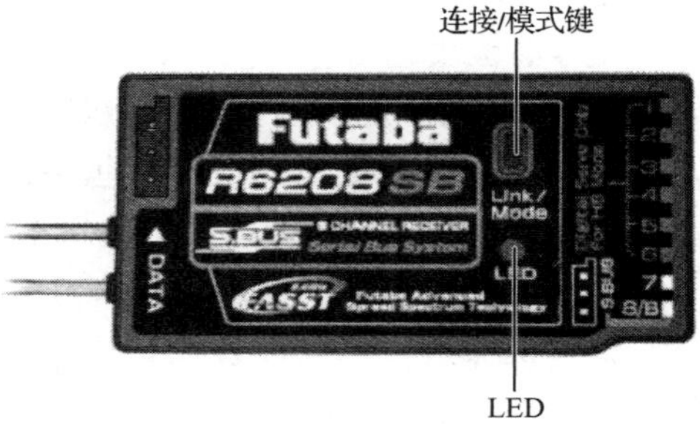

2. 无人直升机的舵面设置

开始舵面设置之前，如使用飞控连接模式，并且采用无副翼类型旋翼头，应先在飞控调试软件上关闭无副翼功能。

采用手动遥控模式连接时，应在发射机中设置舵机的正反。其设置方法如下：

连接/模式键

LED

图 4-21　接收机的对码键

（1）分别打开发射机和接收机电源。

（2）推动油门杆，观察斜盘舵机是否同向工作（无论上升还是下降）。

（3）把不同向工作的斜盘舵机设置为反向（此时，推动油门操作杆十字盘的行程可能是反向的，滚动和副翼的工作方向也可能是反向的）。通道反向设置如图 4-22 所示，如采用自动驾驶仪等辅助设备连接时，需要在飞控调试软件中设置舵机的正反。

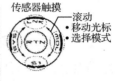

图 4-22　通道反向设置

3. 无人直升机的动作方向设置

采用手动遥控模式连接时，通过发射机中的 INK→SWASH 菜单进行方向设置。其设置方法如下：

（1）上电后，把发射机的摇杆放在中立点的位置上。

（2）分别打开螺距、副翼、升降舵，观察十字盘的运动方向：推动螺距杆时，十字盘应上升；朝左侧打副翼舵时，十字盘应向左倾斜，右侧反之；拉升降舵时，十字盘应向后倾斜，推舵时相反。

（3）若采用自动驾驶仪等辅助设备连接，则需要通过飞控调试软件调整十字盘的工作方向。

4. 外场调试

进行飞行前检查是每个飞手必须养成的良好习惯，也是保证飞行操控安全的重要途径。

飞行前检查包括如下内容。

（1）频率扫描：用频率扫描仪器和飞行场地周围的航空器核对频率。

（2）机载电池电量的检查：包括自动驾驶仪电源、舵机电源、点火电源电压检测、电台、任务设备。检查标准：舵机电压不低于 4.8 V，飞控电压不低于 11.1 V，舵机起飞电压不低于 5.0 V，锂电池起飞电压不低于 11.6 V，根据飞行时间适当控制起飞电压。

（3）机械及其电子硬件设备的检查：包括电源线是否虚接，飞机、机身、机翼是否有损坏，起落架或机轮是否安装牢固，螺旋桨螺钉是否松动，发动机底座螺钉是否上紧。

（4）发射机及接收机的检查：包括电量的检查，内部设定，接头连接，频率与发射机相同，确认接收机功能，测试遥控距离。

（5）引擎及油路的检查：包括确认油针位置，确认引擎的油门在高速位置和低速位置是否正确，伺服机的中立点和化油器阀门的中立点是否相同，油路的确认，包括加油管、增压管、进油管的确认；加油时注意油中不得夹杂杂质；加油过程中注意关闭进油管。

（6）伺服机及各舵面的检查：包括各舵角舵量及方向的正确性；固定螺钉是否稳固；

连杆的顺畅度；舵角固定物有无脱落现象；舵角能否轻易活动；伺服机座是否稳固，是否适合伺服机的大小，滑行中前轮偏向修正。

（7）重心的检查：需确定无人机重心偏移不超过设计极限。

（8）电台通信的检查：包括电台天线是否锁紧，连接线是否松动，是否正常。

（9）自动驾驶仪的检查：包括地面站设备、自动驾驶仪辅助设备的检查。

（10）任务设备的检查：包括任务设备的完好性，任务设备与无人机的连接，任务设备附属设备的检查。

4.3　固定翼无人机的组装与调试

4.3.1　组装步骤

1. 固定翼无人机的装配准确度

固定翼无人机的准确度是指装配后无人机机体级部件的几何形状、尺寸等实际数值与设计时所规定的理论数值之间的误差。

2. 固定翼无人机的装配准确度对飞机性能的影响

（1）固定翼无人机外形的准确度直接影响到无人机的空气动力学性能。

（2）固定翼无人机各种操纵机构的安装准确度将直接影响无人机的各种操纵。

（3）零件制造和装配过程中产生的残余应力将影响结构的强度和疲劳寿命。

（4）固定翼无人机装配的准确度会直接影响产品的互换性。

3. 固定翼无人机的装配准确度的内容

（1）固定翼无人机外形的准确度。固定翼无人机各部件外形的准确度要求如图 4-23 所示。固定翼无人机外形的准确度直接影响无人机的空气动力学性能。一般来说，无人机翼面类部件比机身部件的外形准确度要求高，各部件最大剖面之前比最大剖面之后的外形准确度要求高。

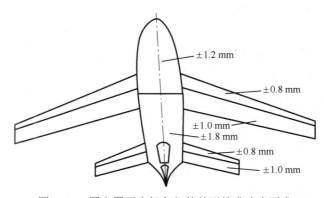

图 4-23　固定翼无人机各部件外形的准确度要求

（2）各部件之间对接的准确度。固定翼无人机部件与部件连接时，在保证相对位置准确度的同时，还必须保证设计分离面对接的准确度要求。固定翼无人机部件间相对位置的准确度要求如图 4-24 所示。部件之间对接接头的结构形式有叉耳式接头和凸缘式接头。叉耳式接头如图 4-25 所示，凸缘式接头如图 4-26 所示。

（3）部件内部各零件和组合件的准确度。这方面的准确度要求指大梁轴线、翼肋轴线、隔框轴线及长桁轴线等的实际位置相对于轴线位置的偏差。一般规定，梁轴线允许的位置偏差和平面度偏差为 0.5～1.0 mm，翼肋轴线和隔框轴线允许的位置偏差为 1～2 mm；

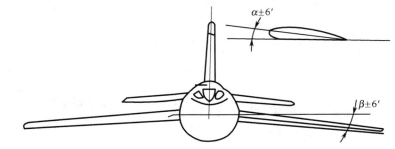

图 4-24　固定翼无人机部件间相对位置的准确度要求

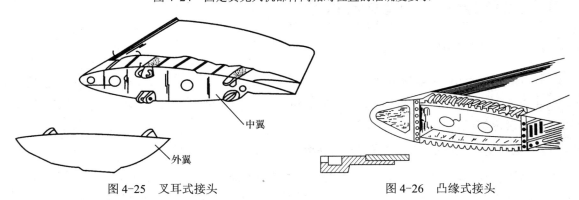

图 4-25　叉耳式接头

图 4-26　凸缘式接头

长桁轴线允许的位置偏差为 2 mm。

4. 固定翼无人机的装配基准

固定翼无人机在装配过程中使用两种类型的装配基准，一种是以骨架外形为基准的装配，另一种是以蒙皮外形为基准的装配。

以骨架外形为基准的装配，首先将骨架在型架上装配好，然后在蒙皮上施加力，使蒙皮覆盖在骨架上并连接在一起。这种装配方法的误差形成是"由内向外"的，累积误差均反映到外形上。为保证部件外形的准确度，必须提高零件制造和骨架装配的准确度，提高蒙皮与骨架形状的协调性，以减小铆接后蒙皮与骨架之间的间隙，减少装配变形。

图 4-27 所示为以骨架外形为基准的机翼装配过程。在装配过程中，首先按型架定位器及卡板定位大梁和加强翼肋，进行翼梁与翼肋的连接工作；按翼梁上的角片及型架卡板定位普通翼肋，进行翼梁与普通翼肋的连接工作；按定位器定位悬挂接头，并与翼梁连接；根据翼梁与普通翼肋组装后的骨架外形铺上长桁与蒙皮；关闭卡板，将蒙皮紧贴在骨架上，进行骨架的连接工作。

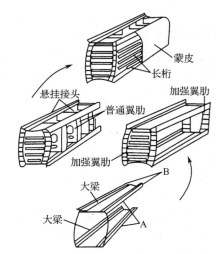

图 4-27　以骨架外形为基准的机翼
装配过程

以蒙皮外形为基准的装配是将部分骨架分别装在蒙皮上，然后在型架上施加外力，使蒙皮外形紧贴在卡板上，最后将骨架连接起来。这种装配方法的误差形成是"由外向内"的。以蒙皮外形为基准的装配前提是在产品结构上有补偿件，从而可在不提高零件制造准确度的前提下获得较高部件外形的准确度。应用此方法的结构和工艺比较复杂，一般只在机翼前缘部分进行以蒙皮外形为基准的装配，这时型架采用外卡板；也可以使用蒙皮内形为基准，这时型架采用内卡板。

图 4-28 所示为以蒙皮外形为基准的机翼装配过程。在装配过程中，首先将蒙皮与长桁组合成壁板，在机翼中段型架上将壁板紧贴在卡板的 A 面上，然后将型架固定在大梁与壁板之间，翼肋与壁板之间产生间隙，可以用结构补偿件补偿。

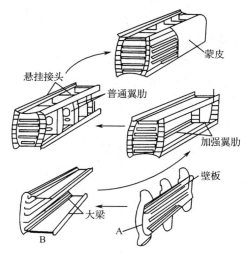

图 4-28　以蒙皮外形为基准的装配过程

5. 固定翼无人机的装配定位

在装配过程中，确定零件、组合件、板件、段件之间的相对位置。应保证定位符合图样和技术条件所规定的准确度要求；定位和固定要操作简单且可靠性强，所用的工艺装配简单，制造费用少。

1）用基准零件定位

在一般机械产品中，大量采用这种方法。在固定翼飞机制造中，液压、气动附件及复杂空间结构的操纵控制机构，均采用这种方法装配定位。

用基准零件定位是根据产品结构件上的某些点、线、面确定待装配零件的位置的，这种装配方法简便易行，装配开敞，协调性好。基准零件一般是先定位或安装好的零件，零件要有足够的刚度及较高的准确度，在装配时一般没有修配或补充加工等工作。

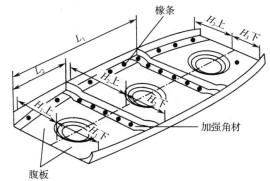

图 4-29　翼肋中段用画线定位

2）用画线定位

根据无人机图样用通用量具画线定位。这种方法适用于零件刚度较大，位置准确度要求不高的部位。用画线定位如图 4-29 所示。

3）用装配孔定位

按预先在零件上制作出的装配孔来定位。装配以前，在各个零件的部分铆接位置上预先按各自的钻孔样板分别钻出装配孔，装配时各零件之间的相对位置按这些装配孔确定。

图 4-30 所示为翼肋组合件用装配孔定位。

这种装配定位方法的优点是不需要使用专用夹具，故成批生产中，在保证准确度的前提下，应尽量使用装配孔定位方法。对一些形状不是很复杂的组合件或板件，如平板、单曲及曲度变化不大的双曲度外形板件，都可采用装配孔定位进行装配。

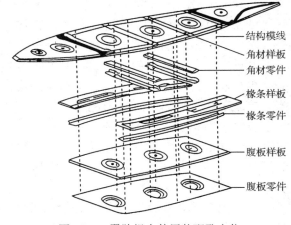

结构模线
角材样板
角材零件
橡条样板
橡条零件
腹板样板
腹板零件

6. 固定翼无人机装配连接技术

在进行固定翼无人机装配时，所有采用的装配连接技术将影响无人机结构的抗疲劳性能与可靠性。目前，固定翼无人机

图 4-30　翼肋组合件用装配孔定位

中常用的连接技术包括机械连接技术、胶接技术和焊接技术等。

1）机械连接技术

机械连接技术主要包括铆接和螺栓连接，是一种传统的连接方法。

（1）铆接。铆接的优点是连接强度比较稳定可靠，容易检查和排除故障，使用工具简单，价格低，适用于较复杂结构的连接；铆接的缺点是增加了结构的质量，钉孔对材料有削弱作用，引起应力集中，使疲劳强度降低。

铆接方法有很多，主要包括普通铆接、干涉配合铆接、密封铆接和特种铆接 4 种类型。根据无人机机体各部位结构的要求不同，飞机装配中采用各种不同的铆钉和铆接方法。

（2）螺栓连接。螺栓连接是固定翼无人机结构中一种重要的机械连接方法，在设计分离面及重要承力结构处主要是用螺栓连接。螺栓的受力形式有拉、剪和拉剪 3 种，应根据受力形式来选用不同形式的螺栓。在无人机的螺栓连接中，除标准螺栓外，还使用高锁螺栓和锥形螺栓，它们的设计与标准螺栓相比有很大变化，具有质量小、体积小、耐震动、夹紧力大、疲劳性能好、安装简单等特点，但结构复杂、成本高。

2）胶接技术

胶接的优点是不削弱结构材料，应力集中最小，耐疲劳强度高，密封性好，表面光滑，气动性能好。胶接的缺点是剥离强度低，生产质量控制严格，胶接质量受很多因素影响，存在老化问题。胶接接头通过黏合胶的作用把两个组件联结在一起。

胶接结构比较典型的形式有蒙皮桁条壁板；蒙皮与波纹板或其他形式的加强板组成的板件，多层板或多层结构；面板与夹心材料组成的夹层壁板或夹层结构。

典型的胶接工艺过程包括以下一些主要程序：预装配、胶接表面制备、涂胶和烘干（或晾置）、装配、固化、胶缝清理和密封、试验和检验。

（1）预装配。预装配的目的是检查胶接组合件零件间的协调关系和胶接面的贴合程度，并进行必要的修配，以达到装配准确度的要求。胶层的厚度严重影响胶缝强度，因此，胶层应当薄而均匀，厚度一般应在 0.01～0.25 mm。如果零件配合不好，应进行修配。预装配时，要放置代替胶膜厚度的垫片，零件经修配和检查合格后，再拆开进行胶接表面制备。

（2）胶接表面制备。零件表面清洁度和表面状态对胶接质量有决定性的影响。对于铝合金零件来说，胶接前零件一般要先经有机溶剂脱脂去污，再碱洗或酸洗，溶解表面的自然氧化膜，然后阳极化。

（3）涂胶和烘干。在新处理好的金属表面上应及时涂一层薄薄的底胶，底胶要严格控制厚度并要求光滑、均匀，喷涂后要经过烘干和固化。零件涂底胶后，在规定的时间内涂胶，胶液要求涂抹均匀，每涂一层都要经过晾干和烘干，以除去溶剂和水分。

（4）装配。在胶接夹具或模具中组装全部零件，定位并夹紧，然后在工件的上面及四周放分压、透气、吸胶的垫物，最后盖上真空袋薄膜，四周用密封胶或密封胶带密封，构成真空袋，将工件封装在内。

（5）固化。用于固化结构的黏合胶的主要成分是热固性树脂，因此一般需要加热、加压固化。温度、压力和时间参数对胶缝强度有决定性的影响。

（6）胶缝清理和密封。固化后，取出胶接件，清理胶缝，对外露胶缝及不同金属材料胶接的毗邻部分，用耐老化、性能好且难于剥离的密封胶密封保护，然后室温硫化或加温硫化。

（7）试验和检验。

3）焊接技术

焊接技术也是固定翼无人机结构常用的连接技术之一，一些用不锈钢、防锈铝合金和钛合金等焊接性能较好的材料制成的结构宜于采用焊接技术，尤其是点焊。目前，在无人机结构的焊接技术中常用点焊和胶焊两种连接方法。

（1）点焊。薄壁钣金件用点焊连接，点焊的优点是生产率高、成本低、比铆接结构质量小、表面光滑、劳动条件好。点焊的缺点是集中应力大、疲劳强度低（其疲劳强度比铆接低约 20%）、可焊性差、不同材料不能点焊、零件厚度相差太大或 3 层以上的结构不能进行点焊。

对于铝合金材料来说，焊前焊后都不能进行阳极化处理。因为焊前阳极化会使表面接触电阻过大；焊后阳极化，板材间隙中必然残留电解液，会造成腐蚀。硬铝合金可焊性较差，质量检验方法较复杂。

（2）胶焊。目前，点焊技术和胶接技术已广泛用于许多构件的连接。点焊结构具有质量小强度高、性能稳定的优点，但点焊接头受载时在焊点处存在较大的应力集中，点焊搭接接头存在性能差的缺点，限制了点焊技术在航空、航天等工业领域的应用。与此相反，胶接接头具有优良的疲劳性能，但其静强度特别是玻璃强度差，耐热性不好，胶层的老化和催化还会使接头性能进一步下降。由此可见，点焊和胶焊结构在力学性能上具有互补性。为了改善点焊结构的疲劳性能，提高胶接头性能的可靠性，出现了将电阻点焊和胶接复合起来的新工艺——胶焊工艺。

胶焊接头不仅具有点焊接头质量小、静强度高、可靠性好的优点，还具有胶接接头良好的疲劳性能和密封性，力学性能十分优良。

4.3.2 调试方法

固定翼无人机各部件装配完成后需要进行整体调试，送到总装间进行对接，如机身各段的对接、机身翼的对接等。部件对接要保证对接后部件相对位置准确，连接可靠。

固定翼无人机各部件连接首先要调整对接的部件到正确位置，然后检查对接孔的同轴度要求，并检查配合面之间的间隙和连接孔孔径和表面质量，这一切都符合图样和技术条件要求后，就可以安装螺柱、垫圈，并按规定的拧紧力矩要求拧紧螺母。最后用全机水平测量方法检查各部件相对位置的准确性。对接部件一般要放在可移动和调整的托架上进行调整并对接。

部件对接后一般用水平测量方法进行检查。水平测量的基本过程是部件装配时，在部件表面规定的位置上，按型架上专用指示器做出测量点的记号，称为水平测量点，它实际上是将固定翼无人机理论轴线转移到部件表面的测量依据。因此，在测量中，只要检查这些点的相对位置数值，就可以确定部件的相对位置是否符合技术要求。

4.4 多旋翼无人机的组装与调试

4.4.1 组装步骤

1. 组装零件材料

1）选择机架

机架是无人机的主体部分，确定好机架之后才能确定之后所有的零配件的类型与数目。机架的选择原则如下：

（1）机架的强度。机架的强度直接决定了飞控板的使用寿命。

（2）机架的质量。机架的质量直接影响无人机的飞行参数，尤其是对无人机的电动机的影响很大。机架的质量若增加，就必须靠增加电动机的转速才能使飞行器飞起来。

（3）机架的价格。制作无人机要尽量减少开销成本。

（4）机架的安装。应选取安装简单的机架。

多旋翼无人机的机架主要有塑胶机架、玻璃纤维机架和碳纤维机架，出于结构强度和质量的考虑，一般采用碳纤维机架，如图4-31所示。

2）选择电动机

无人机的动力是由电动机提供的，是依据电磁感应定律实现电能转换或传递的一种电磁装置，主要作用是产生驱动转矩，作为用电器或各种机械的动力源。电动机的选择需要考虑载重和机架。由于无刷直流电动机具有多种优势，如效率高、便于小型化、制造成本低等，因此多旋翼无人机选用的电动机以无刷直流电动机为主，如图4-32所示。

图4-31 多旋翼无人机碳纤维机架　　　　图4-32 直流无刷电动机

3）选择电调

电调将自动驾驶仪的控制信号转化为电流信号，用于控制电流的转速，如图 4-33 所示。

4）选择螺旋桨

多旋翼无人机的螺旋桨是和电动机配套使用的，特定的电动机需要使用对应的桨片。表 4-1 列举了几种电动机与螺旋桨的选择方案。

表 4-1　电动机与螺旋桨的选择方案

电动机（KV 值）	螺　旋　桨
800≤KV<1000	11～10 in
1000≤KV<1200	10～9 in
1200≤KV<1800	9～8 in
1800≤KV<2200	8～7 in
2200≤KV<2600	7～6 in
2600≤KV<2800	6～5 in
2800 以上	建议使用 9050 剪桨

图 4-33　电调

5）选择自动驾驶仪

自动驾驶仪是控制多旋翼无人机飞行姿态和运动的中枢设备，是多旋翼无人机的核心部件，选型时主要考虑其价格和操控性能。飞控板 KK 和 FF 比较便宜，适合初学者使用，但是其操控性能较差。大疆的 Naza 飞控板的操控性能更好，更能够保证飞行器的安全。多旋翼无人机的飞控板如图 4-34 所示。

6）选择电池

电池是风险点，不能过多地考虑性价比。如果电池以高于放电额定值的速率放电时，有可能损坏电池或造成安全隐患。目前多旋翼无人机的总电流一般不会超过 100 A，选择 10～30 C 放电能力的电池都可以满足要求，动力电池示例如图 4-35 所示。

图 4-34　多旋翼无人机的飞控板

图 4-35　动力电池

2. 多旋翼无人机的组装步骤

1）安装机架

机架选择的是入门级 F450。F450 的轴数是 4，轴距是 450 mm。为了容易分辨多旋翼无人机上天后的机头方向，机臂选择不同颜色：白色和红色、红色和黑色。如图 4-36 所示，包括轴距是 450 m 的 4 个机臂（2 个黑色、2 个红色）、1 个带 PCB 的上中心板，1 个带 PCB 的下中心板、24 颗 M2.5×6 mm 螺钉和 16 颗 M3×8 mm 螺钉。与机架配套的还有脚架，如图 4-37 所示，包括高度是 14 cm 的 4 个脚架和 8 颗 M2.5×8 mm 螺钉。

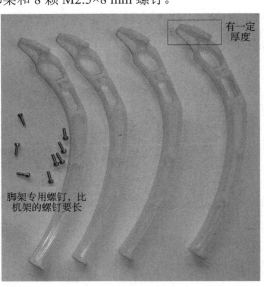

有一定厚度

脚架专用螺钉，比机架的螺钉要长

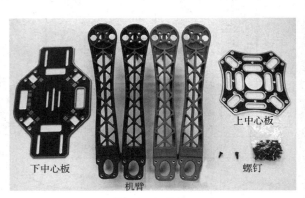

下中心板　上中心板　螺钉　机臂

图 4-36　机架

图 4-37　脚架

安装机架比较简单，主要是把螺钉拧紧。安装时只需要将托架的孔对准悬臂的孔，然后安装螺钉即可，如图 4-38 所示。

2）安装电调

（1）为了防止电调安装后会松动，可以剪一块 3 cm×1 cm 的海绵双面胶（太大会影响电调散热），撕掉海绵双面胶一面的薄膜，粘在电调平整面的中间。电调的这面装有散热片，不能把整个面都用海绵双面胶覆盖。此四轴工作电流小于 1.4 A，电调发热不大，并且安装时将散热片的平整面向上，螺旋桨的吹风能带走电调的热量，所以即使是覆盖部分散热片也对散热影响不大，如图 4-39 所示。

图 4-38　安装无人机机架

海绵双面胶
3 cm×1 cm

图 4-39　安装电调

（2）取出一条红色的机臂，把电调上海绵双面胶的另一面薄膜撕掉，粘在机臂上。为了让 4 个电调的安装位置一致，要从机臂上螺钉一侧开始数的第一节位置粘电调。把扎带放在电调中间，紧紧地扎紧在机臂上，如图 4-40 所示。

将电调蒙皮上端
刚好对着机臂
这个位置，
为保证重心居中
所有电调都
安装在这个位置

将海绵双面胶
粘在此处，
起到防滑作用

（a）将海绵双面胶粘在机臂上

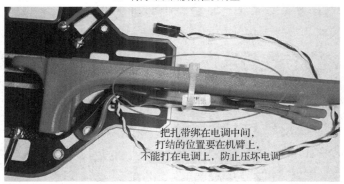

把扎带绑在电调中间，
打结的位置要在机臂上，
不能打在电调上，防止压坏电调

（b）捆扎带一

把扎带扎在电调中间
并注意打结的位置

（c）捆扎带二

图 4-40　粘电调

（3）轻轻地反转中心板，用脚架附带的螺钉把脚架、下中心板和机臂拧紧。本步骤一次安装的零件较多，特别需要有耐心。因为以后为了携带方便会卸下脚架，所以此处的螺钉不上螺钉胶，如图 4-41 所示。

安装好电调后，就可以将 4 个脚架安装在机身上，用脚架附带的螺钉把下中心板和机臂拧紧，如图 4-42 所示。

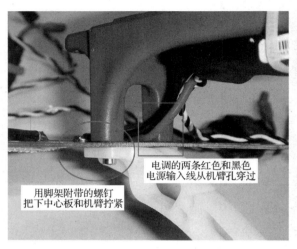

图 4-41　安装零件　　　　　　　　　图 4-42　脚架螺钉的安装位置

（4）用同样的方法把剩余电调、机臂和脚架都安装上。因为下中心板已经焊接好电调，所以应注意安装时不要扯断电线，如图 4-43 所示。

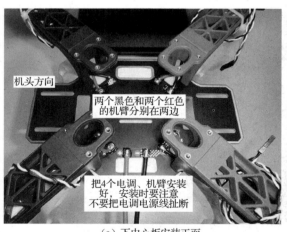
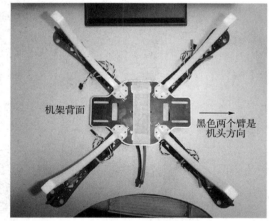

（a）下中心板安装正面　　　　　　　　（b）下中心板安装背面

图 4-43　安装剩余部件

（5）用热熔胶枪挤出热熔胶，把电调红色和黑色的电源线粘在下中心板上，如图 4-44 所示。

3）安装电动机

（1）焊接香蕉头。用直尺从电动机输入线根部开始量 4 cm 的长度，用剪刀剪断，如图 4-45 所示。

图 4-44　固定电线

（a）电动机输入线测量

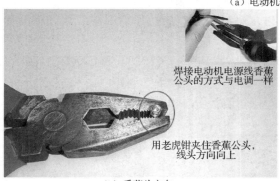

（b）香蕉头方向

（c）套上热缩管

图 4-45　焊接香蕉头

（2）安装桨夹输出轴。滴一点螺钉胶在桨夹输出轴安装螺钉上，用六角螺钉旋具拧紧在电动机上，如图 4-46 所示。

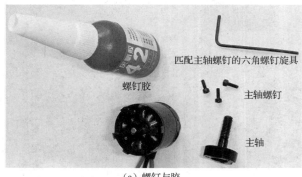

（a）螺钉与胶

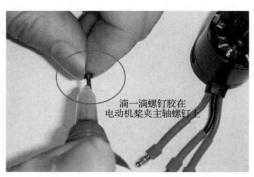

（b）点胶

图 4-46　安装桨夹输出轴

把主轴放在电动机上，对好螺钉安装孔，插入上了螺钉胶的螺钉

3颗螺钉按同样方式安装　用六角螺钉旋具拧紧

（c）安装上好胶的螺钉

（d）拧紧螺钉

图4-46　安装桨夹输出轴（续）

（3）安装电动机在机臂上。把电动机放在机臂电动机安装座上，电动机线向中心板方向，3条电源线分别向下穿过机臂孔。拿出机臂附带的电动机安装螺钉，在螺钉上滴一点螺钉胶，把电动机拧紧在机臂上。拧紧后，要通过电动机座的散热孔仔细观察，螺钉有没有因太长而顶到电动机定子上，如图4-47所示。

3根电动机电源线插到机臂下方

电动机放在机臂电动机座上

（a）3条电源线插入方向

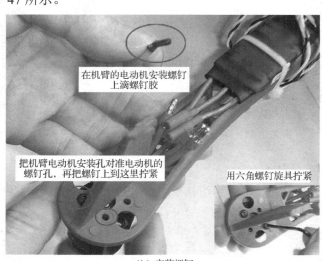

在机臂的电动机安装螺钉上滴螺钉胶

把机臂电动机安装孔对准电动机的螺钉孔，再把螺钉上到这里拧紧

用六角螺钉旋具拧紧

（b）安装螺钉

把4个机臂的电动机以同样的方式安装好

（c）安装后效果

图4-47　安装电动机在机臂上

（4）安装香蕉头。取出直径为 5 cm 的热缩管，用剪刀剪成 12 个长度为 2 cm 的小管，每个电动机香蕉公头套 1 个，再接上电调和电动机的香蕉头。3 条线可以随意接，因为只有到调试飞控阶段才能确定电动机旋转方向是否正确，所以现在只是插上接头，等调试完毕后再加热热缩管并扎好电线，如图 4-48 所示。

注意：为了安全起见，这个步骤并没有安装螺旋桨，要等自动驾驶仪全部调试完毕后才能安装螺旋桨。

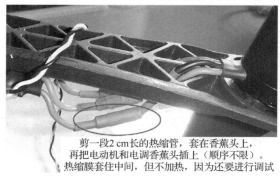

剪一段2 cm长的热缩管，套在香蕉头上，再把电动机和电调香蕉头插上（顺序不限）。热缩膜套住中间，但不加热，因为还要进行调试

图 4-48　安装香蕉头

4）安装自动驾驶仪电源模块

（1）做屏蔽层（可选）。自动驾驶仪电源模块是一个开关电源，对其他电子设备有一定的高频干扰。为了最大限度地抵抗干扰，需要为电源模块做一个简易的屏蔽层。用直尺测量电源模块尺寸，用剪刀裁剪出 2.5 cm×8 cm 的锡纸。用封箱胶把裁剪好的锡纸前后包起来，再剪下来。用双面胶把锡纸围着电源模块粘牢，最后套一段直径约 30 mm 的热缩管，用电吹风加热热缩管将其套牢在电源模块上，如图 4-49 所示。

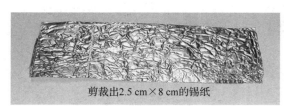

剪裁出2.5 cm×8 cm的锡纸

（a）裁剪锡纸

用封箱胶或者透明胶把锡纸两面包一层，是为了防止锡纸会碰到电路引起短路

（b）锡纸两面包一层

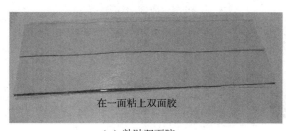

在一面粘上双面胶

（c）粘贴双面胶

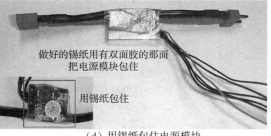

做好的锡纸用有双面胶的那面把电源模块包住

用锡纸包住

（d）用锡纸包住电源模块

套一段直径约30 mm的热缩管，加热后包住电源模块

两边留出空隙，以方便电源模块散热

（e）用热缩管包住电源模块

图 4-49　做屏蔽层

无人机技术与应用

（2）安装。取直径为 20 mm 的热缩管并裁剪为 3 cm 长，套在电源模块的母头上，再把母头与电源主线的公头插到一起，套上热缩管后加热套牢。把接头部分用扎带扎在黑色那边的机臂上，如图 4-50 所示。

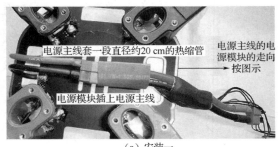

（a）安装一

（b）安装二

图 4-50　安装

（3）上中心板拧紧在机臂上。把电源模块用扎带扎在上中心板上，注意安装的方向一定要与图 4-51 中一致，这样才能保证电源模块中给飞控供电的电线不用跨越自动驾驶仪表面，如图 4-51 所示。

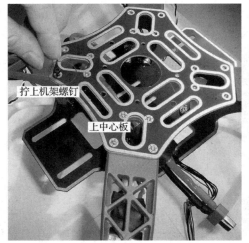

（a）安装一

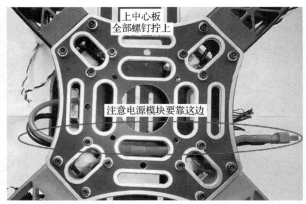

（b）安装二

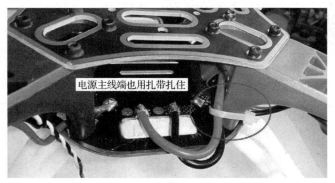

（c）安装三

图 4-51　上中心板拧紧在机臂上

这时电调、机架、电动机、供电模块已经安装完毕，下一步需要安装自动驾驶仪。由于自动驾驶仪需要校正加速度计和电子磁罗盘，因此建议在装到机架之前进行调试。

5）安装自动驾驶仪

（1）安装中心板。将上中心板装好并固定好螺钉，注意拧紧。安装减震板，取出大的减震板，在4个孔上安装避震球，如图4-52所示。

（2）确定中心位置。在上中心板上把减震板放好，找到中心位置。确定好安装位置后，在4个减震球位置分别贴一块2 cm×2 cm的海绵双面胶，再把减震板粘到上中心板上。按图4-53所示位置用扎带把减震板扎稳。

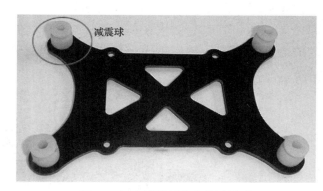

图4-52 在减震板上安装避震球

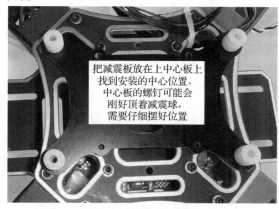

（a）安装减震板一

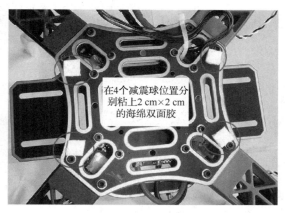

（b）安装减震板二

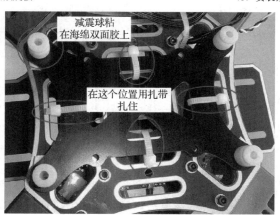

（c）安装减震板三

图4-53 安装减震板

按之前的经验，四轴无人机炸机时减震球特别容易脱落。如果是在大减震板处脱落，则需要花很多时间再装回去，并且这些减震球太软，一不小心就会弄破，而粘上海绵双面胶可减少大减震板的避震球脱落的概率。

（3）安装减震球。在小减震板上贴两块海绵双面胶，把 pixhaw（自动驾驶仪）粘在上面，pixhaw 尽量装在板的正中。安装 pixhaw 时，pixhaw 外壳上有箭头的方向对着黑色两个机臂，pixhaw 外壳上写着 power 的端口要与电源模块电源线同一个边。装好后，把电源模块的电源线插到 pixhaw 的 power 端口上，再用热熔胶枪把 power 插头固化住，如图 4-54 所示。

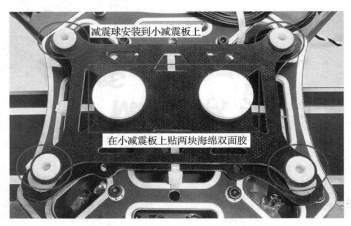

图 4-54　减震球安装到小减震板上

（4）固定电源模块。电源模块的 XT60 公头连接主电源线的母头，6 拼插头接 power 端口（该端口接好后可加上热熔胶，防止松动）。如果有锡纸，则电源模块的转换部分最好包上锡纸，防止电磁干扰。飞行器飞行时，电源模块容易松动，所以需要用扎带进行固定，如图 4-55 所示。

图 4-55　固定电源模块

6）安装接收机

（1）连接编码器。把编码器上的 10 拼接口通过 10 拼线与接收机上的输出通道一一对应连接，IN1 对 1 通道，IN2 对 2 通道，…，IN8 对 8 通道，+5 V 对 1 通道的+，GND 对 1 通道的-（可以在编码器与接收机的接口处加上热熔胶固定，编码器可以包上锡纸以防干扰），如图 4-56 所示。

（2）连接输入/输出通道。用一条杜邦线插在 APM 的 INPUT 接口 1，另外一头插在接收机的输出通道接口 1。杜邦线有防插反头，方向错误则插不进去。插上去后，检查 APM 端和接收机端的信号、正极、负极 3 根线是否一一对应。按同样的方法，把剩余的 7 个通道也插上线，如图 4-57 所示。

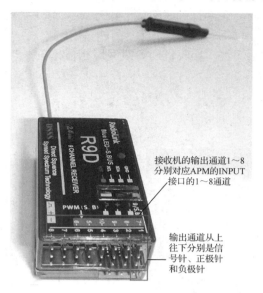

接收机的输出通道1~8分别对应APM的INPUT接口的1~8通道

输出通道从上往下分别是信号针、正极针和负极针

（a）连接编码器一　　　　　　　（b）连接编码器二

图4-56　连接编码器

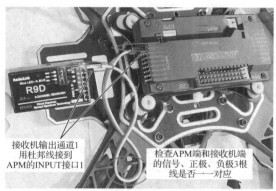

接收机输出通道1用杜邦线接到APM的INPUT接口1

检查APM端和接收机端的信号、正极、负极3根线是否一一对应

（a）输入/输出通道连接一

把线整理好放入中间

（c）输入/输出通道连接三

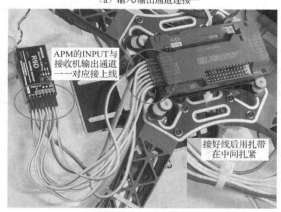

APM的INPUT与接收机输出通道一一对应接上线

接好线后用扎带在中间扎紧

（b）输入/输出通道连接二

图4-57　输入/输出通道连接

（3）减震。在接收机底部粘一块海绵双面胶，如图 4-58 所示，粘在下中心板上，再用扎带扎稳。

（4）安装天线。接收机的天线端用扎带扎在脚架上，如图 4-59 所示。

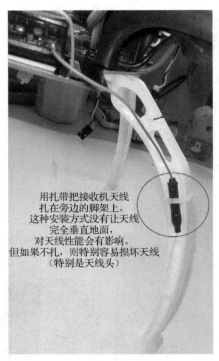

用扎带把接收机天线扎在旁边的脚架上。这种安装方式没有让天线完全垂直地面，对天线性能会有影响。但如果不扎，则特别容易损坏天线（特别是天线头）

在接收机背面贴一块海绵双面胶，起到减震作用

图 4-58　粘贴海绵双面胶的位置　　　　　图 4-59　安装天线

7）安装电池

电池是多旋翼无人机的动力部件，也是一个比较危险的部件。在安装时不能使其短路，也不能将其安装在容易受到冲击的部位。另外，在多旋翼无人机飞行过程中，由于电流量比较大，电池容易发热，因此不要将电池封闭起来，也不要将电池连接到自动驾驶仪或电调上。在固定时，需要检查电池是否固定牢固。安装时，需要检查是否准备好电池托、电池和带胶粘扣。

（1）在电池的正面用双面胶粘上绒面魔术贴，如图 4-60 所示。

用双面胶把绒面魔术贴粘在电池正面

图 4-60　粘上绒面魔术贴

（2）用直尺分别量出长边和短边的中心位置，用记号笔画两条线，如图 4-61 所示。

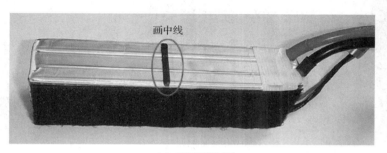

（a）用记号笔画线一　　　　　　　　　　　　（b）用记号笔画线二

图 4-61　用记号笔画线

（3）用魔术贴把电池粘到下中心板下，安装位置要与之前画的中心线对应，但考虑到电池接线口有一定的质量，放的位置可以向电池接线口后退 2 mm 左右，如图 4-62 所示。

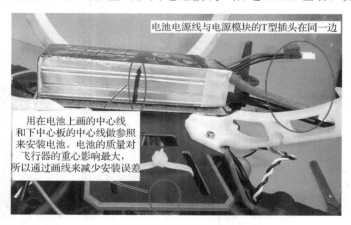

图 4-62　电池安装位置

（4）在下中心板长边两头的长方形槽上扣上一条魔术扎带，把电池扎紧，如图 4-63 所示。

8）安装云台

在绝大多数情况下，对于航拍来说，要从高空拍摄出非常稳定流畅的素材，照相机云台系统必不可少。目前，从云台系统的使用来看，其主要分为机载云台系统（如 DJI Zenmuse）和手持云台系统（如 DJI Ronin）。

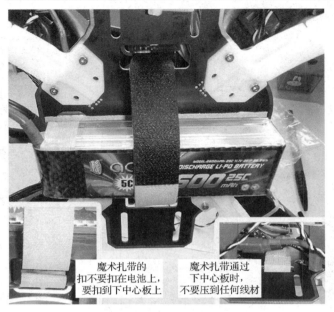

魔术扎带的
扣不要扣在电池上，
要扣到下中心板上

魔术扎带通过
下中心板时，
不要压到任何线材

图 4-63　扎紧电池

　　H3-3D 是一款优秀云台，可广泛应用于休闲娱乐、航拍等航模运动中。它在机械结构上内部走线，避免线材缠绕，内置独立 IMU 精确控制云台姿态，集成云台专用伺服驱动模块等，如图 4-64 所示。

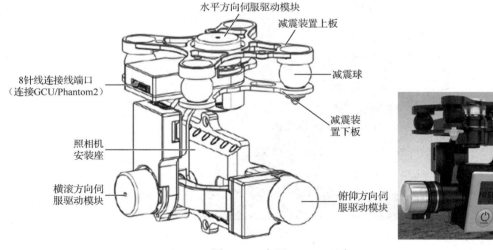

图 4-64　大疆 H3-3D 云台

　　以 Phantom 2 为例，云台的具体安装调试步骤如下，该步骤也适用于安装到 DJI 其他类型的飞行器或用户自备的飞行器。

　　（1）将两个云台防脱落扣安装在图 4-65 中标记的对角线上，然后将 4 颗 M3.0×5 mm 螺钉安装至 Phantom 2 机身底部。

　　（2）将减震装置上板上的减震球套进减震装置下板的 4 个孔中，确保所有减震球安装牢固，如图 4-66 所示。

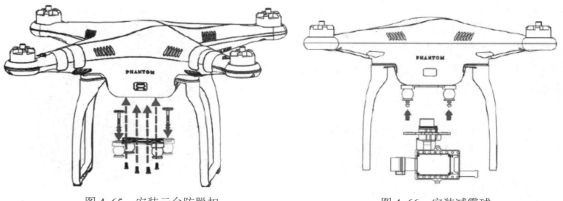

图 4-65　安装云台防脱扣　　　　　　　图 4-66　安装减震球

（3）如图 4-67 所示，将云台防脱盘推入云台防脱落扣中的合适位置，并确保云台防脱落件之间扣死。

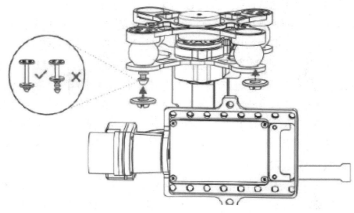

图 4-67　安装云台防脱盘

（4）将 Phantom 2 上的 8 针线插入抗干扰加强板的 Phantom 2 端口，然后使用 8 针线连接抗干扰加强板的 H3-3D 端口与云台上的 8 针端口。抗干扰加强板既可安装于机身外，又可安装于机身内部的预留位上，如图 4-68 所示。

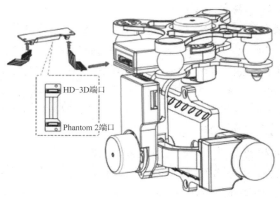

图 4-68　安装部件端口

9）安装 GPS 和罗盘

无人机装载的 GPS（实物示例见图 4-69）可以提高无人机的飞行控制能力，无人机根据 GPS 定位信息的高度和经纬度分配不同电压调节各桨转速达到定点悬停的目的。

（1）GPS 飞行模式。

① 悬停（Loiter）模式（位置和高度）。悬停可能是最常用的 GPS 功能，这种模式只需按动一个开关，就能使飞行器固定在特定的位置（纬度、经度和高度）。固定位置时，如果飞行器的位置被任何外力所改变，它将自动校正。例如，一

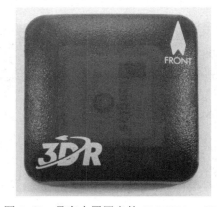

图 4-69　具有内置罗盘的 3DR UBlox GPS

旦启动悬停模式，如果风力将飞行器吹离该位置，它将自动飞回。在正常的配置下，距离的范围通常为±2 m。高度也采用相同的方法控制，差值范围通常在±3 m 之内。该模式不仅可以使用 GPS，还可以使用附加的传感器加以控制，如内部气压计。

② 返航（Return to Home，RTH）故障保护模式。返航是现代无人机较好的安全功能之一，只有使用 GPS 才可能实现该功能。这种模式使飞行器能够确定返航地点（通常是最初起飞的位置），并在某些故障保护情况下返回该位置。失去与飞行器的无线电联络是 RTH 故障保护模式的常见触发因素之一，这种情况可能发生在飞行中电台电池耗尽或者飞出无线电广播范围之外时。有些人还在专用的电台上编程了一个专用的 RTH 启动开关。

虽然 RTH 是一个非常有用的功能，可能在必要时会拯救飞行器，但是应该把它当作一个故障保护功能，而不是常用功能。不要将飞行器放飞到太远的位置，以至于无法控制其返航。换言之，不要太依赖 RTH 功能。

③ 路径导航模式。GPS 数据稍微高级的一种使用方法是通过编程路径进行自主导航。地面控制软件向飞行控制器上传一个导航指令列表，后者将这些指令当作要完成的任务逐步执行。这种技术在无人机测绘行业中特别有用，在测绘行业中必须一次又一次地重复特定的飞行模式。在试图按照路径飞行时，始终要确认飞行器上的 GPS 性能是否最优化。如果飞行器能够保持位置并安全返航，应该就足以执行路径飞行。了解 GPS 的精确度以避免复杂飞行任务风险的方法之一是在地面控制软件中监视其位置。将飞行器放在一个大的空旷场地中的稳定位置，不要移动。如果飞行器在地面控制软件中漂移，则可能是 GPS 受到了某种干扰；重新放置飞行器并重复测试。另一个方法是升高 GPS 的位置，远离其他电子元件。

④ 跟随模式。多轴飞行器领域中 GPS 数据的最新使用方法是跟随功能。这种模式保证用户可以使用移动应用向无人机实时发送用户位置数据流。无人机利用移动设备发送的位置数据，将从预先确定的高度和距离上跟随使用者。但是，跟随模式应该小心使用，因为大部分小型无人机没有感知与躲避技术，跟随模式在封闭或者拥堵环境下可能会带来麻烦，无人机可能因无法知晓周围环境而撞毁。

（2）罗盘。虽然无人机搭载的 GPS 使无人机获得了更高的自主能力，但是如果不能保持前进的方向，也将毫无意义。罗盘解决的正是这个问题，它往往和 GPS 集成在同一个单元中，不仅能告诉无人机所有的方向，还能告诉无人机起始时指向的方向及飞行期间发生的变化。

　　磁力计测量周围的磁场，利用这些信息确定面对的方向——只是它不用指针来表示。在本书中，"罗盘"和"磁力计"是等价的术语。

　　（3）组装 GPS 支架。这里使用外置的GPS（带有罗盘），并通过支架把 GPS 升高，减少自动驾驶仪等其他设备对罗盘的干扰。该 GPS 支架带折叠功能，携带时可以放下支架从而减少飞行器的高度，如图 4-70 所示。

　　① 安装 GPS 底座和碳纤维棒，如图 4-71所示。

图 4-70　GPS 支架

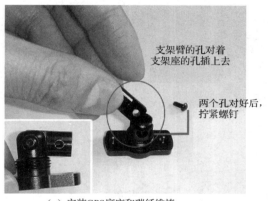

支架臂的孔对着
支架座的孔插上去

两个孔对好后，
拧紧螺钉

（a）安装GPS底座和碳纤维棒一

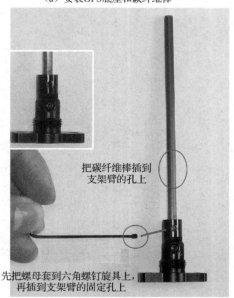

把碳纤维棒插到
支架臂的孔上

先把螺母套到六角螺钉旋具上，
再插到支架臂的固定孔上

（b）装GPS底座和碳纤维棒二

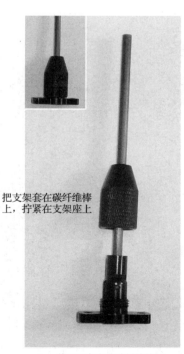

把支架套在碳纤维棒
上，拧紧在支架座上

（c）装GPS底座和碳纤维棒三

图 4-71　安装 GPS 底座和碳纤维棒

② 安装 GPS 支架座到上中心板上。GPS 支架座一定要安装在自动驾驶仪 GPS 接口的旁边，这样才能避免 GPS 的线跨过自动驾驶仪上方。把 GPS 支架座放到上中心板后，会发现上中心板只有一个孔，即将其对准螺钉孔，四周用扎带捆绑，如图 4-72 所示。

（a）安装 GPS 支架座到上中心板上一

（b）安装 GPS 支架座到上中心板上二

图 4-72　安装 GPS 支架座到上中心板上

（c）安装 GPS 支架座到上中心板上三

图 4-72 安装 GPS 支架座到上中心板上（续）

用螺钉把 GPS 固定在上中心板上，在 GPS 支架座上的安装孔拧上螺钉，下面用内六角螺钉固定。GPS 上的小飞机机头要与飞控机头方向一致。把 GPS 的两个插头分别插到 Pixhawk 飞控的 GPS 接口和 I²C 接口上，如图 4-73 所示。

③ 在 I²C 和 GPS 的插头上涂抹热熔胶，并用扎带把 GPS 的线扎在碳纤维棒上，如图 4-74 所示。

图 4-73 安装 GPS 支架　　　　　　　　图 4-74 安装 GPS

3. 无人机升空

无人机上电后，等待飞控指示灯变成绿色慢闪，在没有定位情况下是蓝色慢闪，如图 4-75 所示。

操控无人机的遥控器如图 4-76 所示。1 号开关是无头模式的开启和关闭，向上拨动是关闭，向下拨动是开启，默认是关闭；2 号开关的 1 挡是自稳，2 挡是定高，3 挡是定点；3 号开关是返航开关，向上拨动关闭，向下拨动开启；4 号开关需要自定义，目前没有指定。

图 4-75　无人机上电状态

图 4-76　操控无人机的遥控器

如图 4-77 所示，向右下拨动油门开关等待绿灯长亮，解锁无人机。

图 4-77　解锁无人机操作

模式选择定高或定点，将油门开关推到 20%～30%，电动机开始旋转，然后等待几秒，如图 4-78 所示。

直接把油门开关推到顶，无人机会直接起飞，不需要进行微调。当无人机飞到想要的高度后把油门推到中点，无人机会保持高度，如图 4-79 所示。

图 4-78　选择模式

图 4-79　操作无人机

将油门开关缓慢下推到最底，无人机会缓慢下降，如图 4-80 所示。

图 4-80　油门开关下推到底

如图 4-81 所示，向左下拨动油门开关等待绿灯慢闪，上锁无人机。

图 4-81　上锁无人机

4.4.2　调试方法

1. 电动机和电调的调试

现在市面上销售的无刷电动机基本提供电动机搭配各种桨在不同油门下的测试曲线图或表格。按最大推荐螺旋桨配置，并且 100%油门时消耗的电流大约一倍配置电调，只要飞行器不超载，就是安全的。电调如图 4-82 所示。

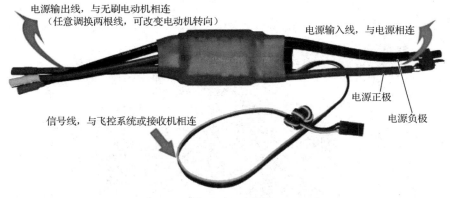

电源输出线，与无刷电动机相连
（任意调换两根线，可改变电动机转向）

电源输入线，与电源相连

信号线，与飞控系统或接收机相连

电源正极

电源负极

图 4-82　电调

电调延长电源线只需采购与电调相同号数的硅胶线即可，并联到插头时需采用更高电流规格的硅胶线，多轴常用硅胶线为 12～14 号。多轴飞行器电动机与电调的兼容适配和测试是一大难题，且因为电调输出的交流相位与电动机不匹配，会导致严重后果。更严重的是，在常规飞行和负载情况下，很多电动机与电调的不兼容表现不明显，甚至一些飞行器在多次全负载温和航线下也顺利飞行，但在做大机动时才显露问题，表现为瞬间一个或多驱动断相，直接跌落（排除电源接触不良、香蕉头接触问题等）。

最基础的测试电动机与电调兼容性的方案是在地面拆除螺旋桨，在姿态或增稳模式下启动，启动后油门推至 50%，大角度晃动机身，大范围变化油门量，使自动驾驶仪输出动力，仔细听电动机转动声音并测量电动机温度。测试需要逐渐增加时间，如电动机温度正常，一开始测试 30s～1min 递增。以上测试并不能完全杜绝因电动机与电调不兼容而造成的摔机，只能在一定程度上排除可能性。

2．信号线和电源线的处理

在有条件的情况下，可以小心地把每个电动机供电电调的舵机信号插针从塑料插头中取出，将信号线加上焊锡，与信号插针融为一体再插回，确保不会松动。对焊锡用量需要恰到好处，且不可影响插针要插入的原始深度。所有焊接务必等待焊锡 10 s 左右以冷却，才可确保牢靠，再用热缩管缩紧。所有接头处尽量打胶固定，BEC、GPS、图像传输设备等都有松动的可能。

建议勿使用任何转接头，正品 XT60 插头持续放电电流为 80 mA，是 1 m 轴距以下四轴、六轴插头最起码的配置。更大的多轴飞行器可能需要配备 100～150 mA 持续放电规格的插头。如需用到动力电并联板，也需选择铜箔厚度达标的产品，且焊接时需要用到高功率电烙铁以防散热面积大、焊接温度不足引起的虚焊。但并不推荐动力电并联板供电方式，因多轴为了减小质量，以碳纤维板为机架主要材料，摔机后损伤的碳纤维碎片、并联板变形可能导致直接短路，全部设备有损毁的可能。留有长度余量的动力电硅胶线并联则可在一定程度上规避短路。

3．油门行程确认

在有条件和基础的情况下，尽量制作与轴数相同的信号并连线，同时对所有电动机进行油门行程校正。校正后，使用遥控器的油门微调逐个加上，直到所有电动机同时运转；再逐个减去油门微调，直到所有电动机同时停止，以此验证每个电动机的油门行程都精确一致。在逐一为电调加电校正油门行程的情况下，有可能出现其中某个或多个电动机微调级别启动不一致的情况，此时需重新校正油门行程，直到所有电动机同步启动和停止。

4．电调设置

建议新电调到手后，根据说明书复位电调一次，然后将低压保护设置为最低电压，关闭电调的制动、定速功能。设置完毕后，在未安装螺旋桨的情况下，再次确认每个电动机的转向是否与自动驾驶仪说明书中对应的多轴飞行器电动机转向一致。如飞控调试软件提供电动机的测试功能，则应逐个对电动机测试：是否轴位正确、转向相符。

5．电动机水平校正

使用数字角度仪测量每个电动机座与中心板的角度是否完全水平；没有数字角度仪则可用气泡水平仪代替，但测量精度略差。测量每个电动机臂与中心板的轴距是否一致。以上校正是为了消除低效的动力输出和电动机自身角度误差带来的额外能量消耗。

6．电动机转动检查

在测试电动机的转动方向时，首先需要使用发射机。对于发射机，先要检查发射机通电后是否可以接通发出信号。如果可以发出信号，则开始接通电源，匹配接收机，即发射

机和接收机对码。如果发射机和接收机对码成功，则可以接通多旋翼无人机电源，再打开发射机电源，等待发射机和接收机连接。在将发射机和接收机成功连接后，则可以开始解锁自动驾驶仪。自动驾驶仪解锁之后，可以推动遥控器油门，在将油门推动到一定程度时，电动机开始转动。油门推的越多，电动机的转速越高。电动机转动时即可判断转动方向，如果电动机的转动方向不正确，则可以切断电源，交换电动机的任意两根线。

7. 自动驾驶仪的调试

失控触发通道的接线应牢靠，自动驾驶仪原配线材一般质量较好，安装后打胶就能保证可靠连接。如接收机出现接触不良，自动驾驶仪就无法接收接收机的失控保护输出，几乎只能摔机。目前，市面上自动驾驶仪是否进入失控保护状态，进而触发返航功能是建立在接收机失控信号稳定输出飞控的信号基础之上的。期待自动驾驶仪厂家软件完善，可依据遥控器 TX 信号丢失，设计在没有接收机失控保护信号输出的情况下，判断遥控器 TX 信号是否稳定来确定是否开启返航。市面上流行的飞控触发失控返航以单通道触发为多，但也有采用多通道的，DJI WooKong-M 需要油门通道 15% 以上，且飞控 U 通道设置为特定舵量触发，因此需要两个通道正确设置，设置后通过调试软件可在地面验证设置和关遥控器确认效果。

（1）震动指数监测。对于部分自动驾驶仪其内部可存储震动数值，调试起来较为方便；部分自动驾驶仪则无此功能，需要借助其他有震动数值显示的固定翼自动驾驶仪来完成。震动大的机器会导致飞控传感器被噪声淹没，无法稳定飞行，甚至失控。硬挂录像设备录制的视频也会导致水波纹的出现。在自动驾驶仪不支持震动值记录的情况下硬挂 1080P 设备录像，在计算机上全屏回放就能明显察觉。

（2）自动驾驶仪数据分析。试飞后，如自动驾驶仪支持内部数据记录，可分别对电动机的动力输出量、GPS 信号、电池电压放电、姿态变化曲线进行记录。以市面上支持外加组件或内置数据记录的自动驾驶仪来说，DJI WooKong-M（必须购买 IOSD 才可记录数据）、X AirCaft SuperX（内置数据记录）、零度 X4X6（内置数据记录）都可连续记录每个电动机的动力输出量、GPS 信号质量、电池电压、姿态变化。另外，X AirCraft SuperX 的黑匣子功能可提供较为完整和直观的各飞行数据图表，电动机臂安装偏差问题、负载情况、震动值、电压波动、GPS 卫星质量都一目了然，可使飞手解决大量问题，排除故障也更简单。

8. 减少炸机的措施

为了减少炸机的可能性，应尽量做到以下几点：

（1）如无必要，不要安装 GPS 飞行。大疆全系列自动驾驶仪超敏易受干扰，地磁罗盘是问题的根源。只要接入 GPS 模块，地磁器件的数据就会参与姿态模式和 GPS 模式下，会突然发生横滚或方向不可控而炸机。

（2）如必须安装 GPS，尽量不使用 GPS 模式而使用姿态模式飞行，但起飞仍需 6 颗卫星以上并等待记录返航点，如需换场地，必须重新校准地磁。

（3）如非必要，千万不要使用失控返航。

（4）尽量安装 IOSD MARK 记录飞行数据，如事故后找回飞行器并发现 IOSD MARI，取出数据，检查飞行数据没有任何异常，可能会获得赔偿。

（5）只要用于超视距飞行，强烈建议关闭电压保护功能。

9. 四旋翼的室内检修

四旋翼的室内检修包括如下内容：

（1）机架是否歪斜。

（2）桨面是否有瑕疵、磨损、断裂，或是否有明显的裂纹。

（3）电动机是否歪斜，电动机及其内线是否有熔断和异物残存。

（4）电调的外包装是否完整，是否有破裂、烧痕或烧焦的味道。

（5）飞控连接线是否条理有序，同等的接线口是否有合理的布局，有无明显接线的异类线色。

（6）飞控的安装是否水平，整体的板子是否有熔断、烧焦、元器件焊接不牢固等问题。

（7）检查各个焊点是否有明显的断裂、焊锡点变形等问题。

（8）遥控器接收机天线是否有裂痕、是否有拉伸痕迹，接收机接线色是否整齐、无异类线色。

（9）电调接线板是否有焊接松动，甚至是接线毛刺、灰尘，要及时清除，以免造成短路等问题。

（10）检查所有接线处，如插针、香蕉头、T 形插头等是否有拉伸痕迹，是否有熔化，如有老化等问题需要及时更换。

10. 手动检查调试

（1）用手轻轻地拨动或者拉伸，测试力的大小，以防损坏线路。

（2）用手轻轻晃动机架，相邻的两个臂用手掰动，检查是否有松动。如果有脚架，应晃动脚架检查是否松动。把带脚架整体机架放到地面，用手大力推一下，然后在地面有纸板铺垫的情况下，从离地 20 cm 处向地面落几次，检查是否有架腿歪斜。

（3）手握住电动机，或者将桨放在手上，握住桨的一头，对桨面弯曲 30°，检查桨面是否有裂纹，然后换另一头重复上述动作。

（4）用手握住电动机所在臂，然后轻轻晃动电动机桨座，检查整体是否有松动，螺钉是否拧紧。握住电动机底座，再晃动电动机桨座，检查是否有松动。

（5）电调接线连接电动机、自动驾驶仪和接线板，因此轻轻把线拉几下，检查周围接线是否牢固。

（6）手指握住飞控板侧面，轻轻晃动，检查自动驾驶仪是否固定牢固。用手轻轻晃动电调接线板上的接线，检查是否有松动。

（7）轻轻把接收机朝下，查看接收机的插针是否有松动。

（8）检查所有接线处，如插针、香蕉头、T 形插头等，如果已经插上牢固则轻轻拨动检查是否有松动，如果是需要经常插拔的，如电池接口。插拔几次进行检查。

11. 听声检查

（1）握住机架相邻两个臂，并掰动，听声音判断是否有固定机架螺钉松动，臂固定声音是否无异声。

（2）用一只手握住安装在电动机上的桨面或者裸桨的中心，另一只手在一个桨面边缘部分，使其弯曲 30°，然后迅速松手，听声音。一般塑料桨若整体完整，无内伤或者外伤裂痕，则其声音听起来厚实有力，弹性十足。然后用同样的方法测试另一面。

（3）把桨固定，用手转动电动机，正常的电动机转动声音应浑实有力。若声音听起来干巴巴或者声音发脆，甚至能听到内部有明显的杂物声或者转起来不圆润、连续，此时需要检修电动机。

（4）整体听声。将整体架子放到手上，握住一个臂来回晃动，听是否有线路没有固定好，以及四旋翼内部是否有杂声，有则及时清理。

12．整机测试

完成上面的操作检查后，需要进行综合检修测试：

（1）自动驾驶仪单独供电，检查是否有异常。按照自动驾驶仪飞行说明书，检查指示灯是否正确闪亮，遥控与飞控系统对接是否正常。

（2）不对自动驾驶仪供电，将 4 个电调线分别接到接收机油门处，轻推油门听声音，检查是否有明显反应慢甚至是异声。

（3）将遥控放置在稳定处，无人机放在一个相对宽松的地方，周围至少能有 50 cm 的宽松。通电后实行遥控飞控对接，低油门，按照所用飞控的品牌进行异常检查。

（4）轻推油门逐渐升高，听电动机转速及观察指示灯。油门可推至 3/5 处，观察情况。

（5）持续 1 min 左右，停止供电，用手摸一下电动机、电调、电调接线板、飞控板、线路连接部电池线、电池插口等处，检查温度，是否有烫手的感觉。

（6）如果（5）中温度有异常，无须测试本条。如果（5）中温度正常，则需再次对机器供电，将油门置于低处，然后将油门推到 3/5 处，坚持 5 s，迅速拉回，如此重复两三次，最后将油门固定至中间，停留 10 s。迅速断电，检查温度是否异常。

（7）如果有上两条中的温度异常现象，需要及时进行检修和更换。例如，仅有电池接线滚烫，那么就是硅线负载不了如此强的电流，需要及时更换；仅有电动机电调温度很热，而不是烫，建议以后飞行时不要做大载重、超负荷动作；仅有电调电动机接线处滚烫，建议检查是否有焊接虚焊。开机后检查电调声音是否一致，如果听到有某个声音短缺，应及时检查线路接线。开机后，某个电动机出现重复或者断续的声音，那么应检查焊接处是否松动虚焊。

13．四旋翼无人机飞行场地的选择及飞行守则

1）飞行场地的选择

（1）飞行场地的位置。尽量选择郊区野外、农村野外，以及方圆几百米内无任何交通要道和居住地、组织活动地等，坚决避开高压线、移动信号站及军民用雷达站等地区。

（2）飞行场地的环境。周围尽量以草坪或者对农田无伤害的松软土质等为主，尽量选择草地，泥沙对四旋翼无人机，尤其是设备包括照相机等都有很大的危害。环境周围应无湖泊、小河流、积水上坡、树木、线路等，即为视野开阔，地面平坦区域。

（3）飞行场地的天气。尽量在晴天，无大风情况下起飞。红旗迎面展开，大四轴不可盲目起飞，最好不要起飞；红旗极尽飘起，小四轴尽量不要盲目起飞。

（4）飞行场地的空域。如果飞行器多，则尽量单独或者划定空域飞行，以免相互视野干扰。

（5）操作环境。地面平坦，利于操作者小幅度移动，防止摔跤。操作者周围应无无关人员，防止对操作者进行干扰。

2）飞行守规

（1）起飞过程中若发现异常，应立即停止飞行；已经起飞后发现异常，应立即进行回落甚至迫降。

（2）飞行过程中应该专注，切勿与旁人交谈，以免分心。

（3）要挂好遥控器的挂带，保持好操作动作，切勿随意手离遥控杆。

（4）迫降或者失控时，尽量选择在空旷的有草地或者不高于 2 m 的灌木丛、庄稼地等地方，尽量减少损失。

3）热机

（1）第一块电池进行装机测试后，远离 10 m 以上，确认周围无人靠近，慢慢加油门后起飞。

（2）将四旋翼无人机固定在 10 m 范围内，不超过 3 m 高度，切勿猛推油门。整个过程必须平缓加油门对四旋翼无人机进行热机，同样检查异常。

（3）待飞行两三分钟后，下落，检查各部分温度，检查是否有松桨、松螺钉等现象，然后根据飞行过程中出现的状况进行检修。

4）收场

（1）四旋翼无人机降落后，必须首先关闭四旋翼无人机电源，然后切断遥控器电源。

（2）检查各个部分的温度，留作记录。

（3）待四旋翼无人机降温后，对四旋翼无人机进行检查，以便发现问题回去检修。

（4）电池冷却后将电池插口进行封闭，防止异物短路。

（5）如果拆机，则需要对各部分做好标记。

实验 1　拆装无人机

1. 实验目的

（1）掌握无人机的基本知识。

（2）掌握无人机的结构及组成部分。

2. 实验设备

大疆精灵 3 A/P 一台、安卓版移动设备，如表 4-2 所示。

表 4-2　实验设备

名　称	型　号	数　量
大疆精灵 3		1
DJI GO App		1
终端设备		1
工具箱		1

3. 实验任务

（1）拆卸大疆精灵 3 无人机。

（2）组装大疆精灵 3 无人机。

（3）模拟飞行实训。

4. 实验步骤

图 4-83 所示为大疆精灵 3 无人机，下面对其进行拆卸。

图 4-83　大疆精灵 3 无人机

（1）拆卸每个机臂的 4 个螺钉（梅花螺钉），如图 4-84 所示

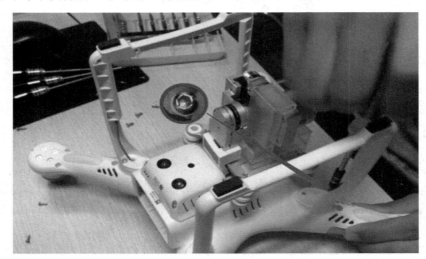

图 4-84　拆卸螺钉

（2）将 4 个螺钉拆卸后进行开盖。

注意： 大疆精灵 3 无人机盖子较紧，可采用辅助工具（卡片、笔、螺钉旋具等一些能够轻易插入的辅助工具）开盖，如图 4-85 所示。

图 4-85　采用辅助工具开盖

（3）卡扣大致位置如图 4-86 所示。

图 4-86　卡扣大致位置

（4）拆盖后的无人机内部结构如图 4-87 所示。

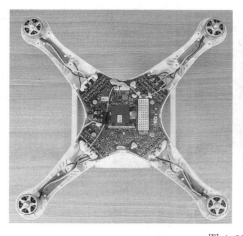

图 4-87　无人机内部结构

（5）打开黑色的三轴陀螺仪盒子，上下都有缓冲物，如图 4-88 所示。

图 4-88　三轴陀螺仪盒子

（6）打开金属盒子，内部是陀螺仪，如图 4-89 所示。

图 4-89　陀螺仪

（7）掀开主板，可以看到中间位置，即 SD 卡位置，SD 卡可以记录飞行数据，如图 4-90 所示。

图 4-90　SD 卡位置

（8）大疆精灵3无人机的电调芯片为F330，如图4-91所示。

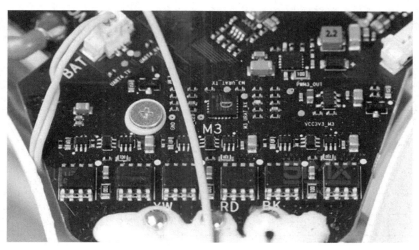

图4-91 电调芯片

（9）上盖上的GPS在屏蔽膜内，如图4-92所示。

（a）GPS的位置

（b）GPS的外形

图4-92 GPS的位置及外形

5. 实验总结

整理大疆精灵 3 无人机的 BOM（Bill of Material，物料）清单，并填入表 4-3 中。

表 4-3　大疆精灵 3 无人机的 BOM 清单

序　号	名　　称	型　　号	数量	备　注

习题 4

1. 简述无人直升机的调试设置流程。
2. 简述固定翼无人机的装配准确度的内容。
3. 固定翼无人机装配定位方法有哪些？
4. 固定翼无人机装配连接技术有哪些？
5. 多旋翼无人机机架的选取原则有哪些？
6. 多旋翼无人机电动机的安装有哪些步骤？
7. 多旋翼无人机电调的安装有哪些步骤？

第5章

无人机的飞行与控制

通过第 4 章对大疆精灵 3 无人机的拆装实验，读者应该对无人机的结构有了更深的认识。本章将会讲解无人机遥控器及无人机的飞行方法和模式。通过本章的学习，读者将会掌握以下内容：

- 无人机遥控器的组成与功能；
- 无人机飞行前的准备、飞行基础及突发情况处理；
- 无人机的 4 种飞行模式。

5.1 遥控器的组成与功能

5.1.1 遥控器的组成

遥控器是无人机收发控制指令的重要设备，用于遥控无人机。遥控器包括两部分，即发射机和接收机。受限于无人机行业的现状和特点，目前，国内大部分民用无人机仍然使用为航模所设计的遥控器，其具有功能强大、性能可靠、响应速度快、控制距离远等特点，可以完全满足大部分民用无人机手动遥控操作飞行器的需要。常见的无人机遥控器品牌如图 5-1 所示。

目前，常见应用于无人机的遥控器有红外遥控器和无线电遥控器两种。由于红外遥控器控制距离较短，可靠性较差，因此应用较少。对于无线电遥控器，其根据无线电的调制方式可以分为调幅（Amplitude Modulation，AM）和调频（Frequency Modulation，FM）两种。调频即载波信号的幅度不变，通过改变载波信号的频率选频；调幅即载波信号的频率不变，通过改变信号的幅度选频。在遥控飞行器的早期，模型制造者们使用较低的 AM 频段。这一频段的传输距离很长，但一次只能有一个人调谐到该频率。如果有人在发射机上设置了相同的频道，只要

打开发射机就可能产生干扰。调频信号的带宽比调幅信号宽，抗噪声（干扰信号）能力强，因此相对而言比调幅信号质量更好。

图 5-1　常见的无人机遥控器品牌

无线电遥控器也可根据信号编码方式分为脉冲编码调制（Pulse Code Modulation，PCM）和脉宽编码调制（Pulse Position Modulation，PPM）两种类型。

许多人误以为 PPM 就是 FM，其实这是两个不同的概念，前者是指信号脉冲的编码方式，后者是指高频电路的调制方式。操作者通过操纵发射机上的手柄，将电位器组值的变化信息送入编码电路，编码电路将其转换成一组脉冲编码信号（PPM 或 PCM）。这组脉冲编码信号经过高频调制电路（AM 或 FM）调制后，再经高放电路发送出去。

PPM 的编解码方式一般是使用积分电路来实现的，而 PCM 编解码是用 A/D 和数/模（D/A）转换技术实现的。首先，编码电路中模/数转换部分将电位器产生的模拟信息转换成一组数字脉冲信号，由于每个通道都由 8 个脉冲组成，再加上同步脉冲和校核脉冲，因此每组脉冲信号中包含 10 个脉冲信号。每一个通道有 8 个信号脉冲且数量永远不变，只是脉冲的宽度不同，宽脉冲代表 1，窄脉冲代表 0，这样每个通道的脉冲就可用 8 位二进制数据来表示，共有 256 种变化。接收机解码电路中的单片机收到这种数字编码信号后，再经过数/模转换，将数字信号还原成模拟信号。由于在空中传播的是数字信号，其中包含的信号只代表两种宽度，这样如果在此种编码脉冲传送过程中产生了干扰脉冲，解码电路中单片机就会自动将与 0 或 1 脉冲宽度不相同的干扰脉冲清除。如果干扰脉冲与 0 或 1 脉冲宽度相似，或直接将 0 脉冲干扰加宽成 1 脉冲，解码电路单片机也可以通过计数功能或检验校核码的方式将其滤除或不予输出。另外，因电位器接触不良对编码电路造成的影响，也已由编码电路中的单片机将其剔除，这样就消除了各种干扰造成误动作的可能。PCM 信号形成如图 5-2 所示。

PCM 的优点不仅在于其很强的抗干扰性，还在于其可以很方便地利用计算机编程，不增加或少增加成本实现各种智能化设计。例如，高级的比例遥控设备可以在个性化设计编解码电路中加上地址码，实现真正意义上的一对一控制（2.4G 跳频技术）。另外，如发射机上加装开关，通过计算机编程，将每个通道的 256 种变化分别发送出来，接收机接收后再经计算机解码后变成 256 路开关输出。这样，一路 PCM 信号就可变成 256 路开信号，而且这种开关电路的抗干扰能力非常强，控制精度也很高。从上述内容可以看出，PCM 编码方

式与 PPM 编码方式相比具有很大的优越性，虽然以往将这两种编码方式都说成数字比例遥控，但从严格意义上说，只有 PCM 才可称得上真正的数字比例遥控。

图 5-2　PCM 信号形成

随着数字无线通信技术的不断发展，越来越多的航模厂商将目光投向 ISM（Industrial Seientific Medical）频段，尤其是全球免费频段 2.4G 的数字无线传输模块上，而传统的模拟低频无线航模遥控系统日益受到信号干扰严重、通信距离有限、同场信道少等缺点的制约。

当在同一区域内有相同频点的遥控器同时工作时，很容易产生干扰，造成飞机失控，甚至造成极为严重的事故，因此必须确保不出现同频工作现象。在日常可以买到的遥控器中，其频段有 27 MHz、35 MHz、36 MHz、40 MHz、72 MHz 和 2.4 GHz。大频段后分为若干频点进行区别，如 40.790 MHz、73.190 MHz、72.210 MHz 等。同频是指在同一地区有频段相同、频点也相同的两个遥控器同时在使用，这是飞行时极为畏忌的现象（如两个同是 73.190 MHz 的遥控器在同区域飞行）。

下面以 T8FG 型遥控器为例，简单介绍遥控器的组成及各个部分的名称及用途，如图 5-3 和图 5-4 所示。

图 5-3　无人机遥控器——接收机

通道的英文表达为 Channel，缩写为 CH，一个通道即一个控制回路。例如，T8FG 型遥控器是 14 通道的遥控器，即表示该遥控器可实现控制 14 个回路，通道数越多表示该遥控器的功能越强大。在遥控无人机中，控制升降舵需要一个通道，控制副翼需要一个通道，

控制方向舵需要一个通道，控制动力也需要一个通道。因此，在遥控无人机中通常需要很多个通道的遥控设备，以便实现更多功能，遥控器间各个通道的发射端和接收端是一一对应的。通常，Futaba 系列的遥控器功能通道的定义如表 5-1 所示。

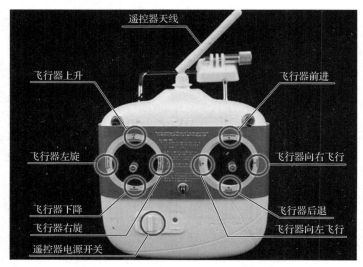

图 5-4　无人机遥控器——发射机

表 5-1　Futaba 系列的遥控器功能通道的定义

通道	控制舵面	备　注
第一通道	副翼	控制无人机的滚转运动
第二通道	升降舵	控制无人机的俯仰运动
第三通道	油门	控制无人机的油门
第四通道	方向舵	控制无人机的航向
第五通道	陀螺仪感度	控制陀螺仪的感度
第六通道	螺距	控制无人机的螺距
第七通道	辅助通道	备用通道
第八通道	辅助通道	备用通道
……	……	……

5.1.2　遥控器的功能

1. 遥控器的操控模式

根据目前国内外遥控器的使用特点，以及摇杆通道定义的不同，把遥控器的操控模式分为以下几种类型，如表 5-2 所示。

（1）Mode 1。Mode 1 是流行于亚洲地区的主流操作方式，起源于日本，因此称为"日本手"（又称"亚洲手"），其使用右手控制油门/螺距、副翼通道，而左手控制升降航向通道的操作手法，是目前国内使用最多的遥控器操控模式。Mode 1 把控制无人机的两个主要动作方向——滚转和俯仰分别用两个分开的摇杆来控制，更有利于控制无人机运动轨迹的精准度。大部分要求飞行精准、控制细微的 F3C 遥控特技动作表演/竞赛类选手多采用这种操作手法。

（2）Mode 2。Mode 2 主要流行于欧美国家，近几年国内的使用者也逐渐增多，占 20%～30%，俗称"美国手"或"欧洲手"。它把控制无人机俯仰和滚转的两个通道同时放在右手，而把航向和油门/螺距放在左手控制。这样的布局符合一般人的行为习惯需要，也是参照载人航空器的座舱布局设计的。通常人们比较习惯使用右手，因此采用这种类型的操控手法在操控无人机时动作较为灵活迅速一些；同时，对于滚转和俯仰运动都通过旋盘倾斜来实现的无人机动作，这样的操作手法更为直观和易于学习掌握。

（3）Mode 3。Mode 3 俗称"火星手"或"反美国手"，其在布局上与 Mode 2 的形式刚好相反。

目前，仍有一些根据个人喜好定义的操作手法，应有较少，在此不再说明。

表 5-2　遥控器操控模式说明

形式	油门	副翼	俯仰	航向	螺距
Mode 1					
Mode 2					
Mode 3					

2. 遥控器的设置

1）遥控器连杆长度的调整

固定操纵杆底部，将操纵杆顶部按逆时针旋转解锁，拧松操纵杆后可以看到有两格刻度可供调整。将摇杆锁定到第一格的位置调整好连杆长度，摇杆越长操纵灵敏度越低，反之越灵活，如图 5-5 所示。

图 5-5　遥控器连杆长度的调整

2）遥控器开机准备前三项

（1）天线位置横放。

（2）开关位置在第一挡。

（3）以右手油门（Mode 1）为例，用拇指锁定油门位置，然后开机。

遥控器开机方式如图 5-6 所示。

图 5-6　遥控器开机方式

3）遥控器的摇杆打舵设置

下面对遥控器摇杆控制多旋翼无人机的运动方向进行一一介绍。具体操作方式如下：如图 5-7 所示，利用左/右副翼摇杆控制多旋翼无人机的左/右横移；如图 5-8 所示，利用升降舵摇杆控制多旋翼无人机的上抬头和下低头；如图 5-9 所示，利用遥控器的左/右方向摇杆控制多旋翼无人机的机头指向；如图 5-10 所示，利用油控摇杆控制多旋翼无人机螺旋桨的加/减速。

（a）左副翼J1摇杆

（b）机体横侧方向将向左横移

（c）右副翼J1摇杆

（d）机体横侧方向将向右横移

图 5-7　左/右副翼摇杆控制多旋翼无人机的左/右横移

（a）升降舵J3拉杆

（b）机体俯仰方向将向上抬头

（c）升降舵J3推杆

（d）机体俯仰方向将向下低头

图 5-8　升降舵摇杆控制多旋翼无人机的上抬头和下低头

（a）左方向J4摇杆

（b）机体偏航方向将向左改变机头指向

（c）右方向J4摇杆

（d）机体偏航方向将向右改变机头指向

图 5-9　左/右方向摇杆控制无人机的机头指向

（a）加油J2摇杆

（b）螺旋桨加速

（c）收油J2摇杆

（d）螺旋桨减速

图 5-10　油控摇杆控制多旋翼无人机螺旋桨的加/减速

4）遥控器的开关定义

（1）SF 开关：无定义。

（2）SE 开关：手动和自动悬停功能切换。

（3）SA 开关：升降舵大小舵角。

（4）SB 开关：方向舵大小舵角。

5.2　无人机的飞行方法

5.2.1　飞行前的检查与校准

由于无人机飞手自身疏忽导致的炸机事件概率高达 67%，而在自身疏忽中未检查机身和没有观察好环境所占比例又是特别高的。

无人机起飞前若电线插错、插头断电、电线未整理、返航高度未设置好、螺钉脱落、罗盘杆断裂、螺旋桨未装好和云台未安好等，都能够造成无人机失控进而导致炸机事故。

所以，起飞前的检查是避免炸机事故的重要一步。起飞前一定要做好全面的检查工作，因为即使是一根电线也可能成为安全隐患。

空中的障碍物是无人机飞行时的一大"杀手"，体积较大、容易察觉的障碍物，飞手能够轻易避开，然而绝大多数的飞行事故是由于一些容易被忽视的障碍物引发的。

无人机飞行中树枝、电线等纤细物体是航拍工作中的致命问题，因为这些物体很难被察觉，无人机若撞上，会瞬间失去平衡，导致炸机。所以，仔细观察周围环境，避开障碍物显得尤为重要。

此外，无人机飞手还要养成良好的飞行习惯，如定期检查保养无人机；关键部位的螺钉打螺钉胶；电池在使用过程中不应过放，这样容易损害电池的使用寿命，充电过程中要时刻关注电量显示和充电时间，设定相应的充电模式和充电电流等。无人机飞行前的检查与校准包括以下几项：

（1）在航前检查及地面测试中，飞行器严禁装配螺旋桨，起飞前必须确认已做好航前检查。

（2）扫视机身外观，观察机身是否损坏，特别注意观察机身各螺钉连接处是否有裂纹，各部件螺钉是否紧固，如出现损坏，及时进行解决，绝不能视而不见。

（3）用手转动每支螺旋桨，检查每支桨叶安装是否正确，观察是否出现桨与电动机之间的相对位移，若出现应及时紧固螺旋桨的固定螺钉。观察每个电动机的安装螺钉是否松动，若松动应及时紧固。

（4）检查无人机各处接线是否出现断裂、松动、崩脱，在起飞前还应检查无人机各电动机转向是否正确。

（5）通电前，应检查电池是否插有电显，并检查电显报警电压是否为 3.6 V；检查遥控器是否打开。

（6）无人机飞行前需要对航线进行校验，校验完毕后才可最终确认起飞。

（7）正式起飞之前观察周围环境是否允许起飞，周边是否有人员围观，确保周围环境是安全的。飞手应站在离无人机 3～5 m 处，其他人员应站在飞手身后安全位置，起降区与飞行员及地勤必须保持安全距离，即无人区（无人区面积为无人机最大直径的 3 倍）。

（8）检查各个接头（杜邦线、XT60、T 形插头、香蕉头等）是否紧密，插头不焊接部分是否有松动、虚焊、接触不良等现象。

（9）检查各电线外皮是否完好，有无刮擦脱皮等现象。

（10）检查电子设备是否安装牢固，应保证电子设备清洁、完整，并进行一些防护（如防水、防尘等）。

（11）检查电子罗盘、IMU 等的指向是否和无人机机头指向一致。

（12）检查电池有无破损、鼓包胀气、漏液等现象（如出现上述情况，应立即停止飞行，更换电池），测量电池电压容量是否充足（建议每次飞行前都应把电池充满电）。

（13）检查遥控器设置是否正确，遥控器电池电量是否充足，各挡位是否处在相应位置，各摇杆微调是否为 0，上电前油门应处于最低位置。

（14）电调校准（注意，在进行电调校准前，请务必拆桨）：

① 将油门杆推至最高位置，LED 指示灯指示当前 GPS 状态和飞行状态。

② CH5（模式通道）在最低和最高位置来回快速切换 6～10 次，LED 指示灯变为红色常亮。

③ 保持油门位置不变，断开总电源，然后重新通电，LED 指示灯红绿蓝三色轮流闪烁一次。

④ 通电 0.5 s 左右，会听到电动机"嘀嘀"两声；然后在 2 s 内将油门杆拉到最低位置，LED 指示灯红蓝交替闪烁后进入正常指示；正确校准完成并解锁后，电动机会依次怠速运转。

（15）水平校准：

① 首次试飞前，把无人机放到水平的地面上，执行外八字加锁动作，保持 10 s 以上。

② LIU 蓝绿灯开启交替闪烁，此时可松开遥控器操控杆。

③ 约 10 s 后，LIU 变为蓝色指示灯单闪；约 15 s 后，LIU 闪灯正常，表明校准成功。

（16）指南针校准：

① 将油门杆推到最低位置。

② CH5 在最低位置和最高位置快速来回切换 6～10 次，直到状态指示灯蓝灯常亮。

③ 将无人机机头向前，水平放置，然后缓慢地顺时针旋转至少一圈，直到状态指示灯绿灯常亮。

④ 将无人机机头朝下，机身垂直，然后缓慢地顺时针旋转至少一圈，直到状态指示灯白灯常亮。

5.2.2　无人机的日常检查与保养

无人机时常会因为电子、机械或环境引起故障，突发一些紧急情况，尤其是在升空时的紧急情况，如果处理不当，轻则损失飞行设备，重则造成人员伤亡。因此，要注重无人机的日常检查与保养。

1. 智能电池的日常检查与保养

（1）若智能电池连接处的金属片有污垢，一定要及时清理。

（2）若智能电池出现金属片弯折、电池鼓包、金属片不一样长短等情况，不要使用。

（3）智能电池单片电压 3.7 V 以上时，部分电芯电压偏低或偏高超过 0.2 V，要用专门的设备进行平衡处理。

（4）智能电池在多次循环后出现亏电现象或者电量在 App 上显示不稳定，不要使用，应联系售后服务部门，若是质量问题或可换新。

（5）智能电池的平常存储应保持电量在 40%～65%，如两个月不用，应使用前满充满放电一次。

2. 无人机的日常检查与保养

（1）建议无人机的箱子内放置的干燥包每一到两个月更换一次，防止电子元器件受潮。

（2）不要使用不拆螺旋桨就可以放进去的箱子，螺旋桨在箱子运输的过程中非常容易出现弯折，影响飞行质量甚至炸机。

（3）建议每到一个新的地方一定要校准 IMU 和指南针，因为长途运输的颠簸对 IMU 有影响，而每个地方不同的磁场环境对指南针也有影响。

（4）每次起飞前应先检查电动机启动后的响声是否正常；安装桨叶后注意观察螺旋桨是否在同一水平面，若不是应更换桨叶，因为桨叶是易损品，不更换危害更大。

（5）无人机的天线、视觉定位的镜头、超声波系统、电动机内如果有灰尘要及时清理。

（6）无人机云台连接处的减震球，建议在观察到开裂现象或者在 200 个起落后更换。

（7）无人机云台的镜头平常可以购买保护盖，减少灰尘的进入；每次飞行后用酒精纸擦拭，滤镜使用时间过长后会出现各种划痕，建议更换。

（8）无人机飞行时长在 50～100 h 建议观察电动机内金属丝的颜色，如果发现变色等问题，建议更换电动机，以免引发飞行安全问题。

（9）对于悟系列无人机应注意机身是否出现松动或者中心框丝杆部位是否出现异响，检查中心框丝杆是否出现锈迹或者弯折现象，平常可以上油保养。

（10）对于筋斗云系列无人机，应注意检查桨叶固定螺钉和其他部位的螺钉是否松动，各部件之间的连接线是否牢固，有无破损。

（11）检查遥控器天线是否有物理损伤。例如，遥控器和天线连接处断裂损坏或者两根天线杆内部天线折断，这两根天线一根接收图像传输信号，一根发出遥控器信号，如果出现天线磨损问题或者接触不良等要及时修理或更换。

（12）现在的充电器可以同时充电池和遥控器，但是从安全方面考虑，最好不要同时充电。

5.2.3　无人机的飞行基础

1. 起飞与降落练习

起飞与降落是飞行过程中的重要操作，虽然简单但也不能忽视其重要性。下面介绍起飞过程（这里省略接通电源操作）。远离无人机，解锁自动驾驶仪，缓慢推动油门等待无人机起飞。注意，推动油门一定要缓慢，即使已经推动了一点距离，电动机还没有启动也要慢慢来，这样可以防止由于油门过大而无法控制无人机。在无人机起飞后，不能保持油门不变，而是待无人机到达一定高度，一般离地面约 1 m 后开始降低油门，并不停地调整油门大小，使无人机在定高度内徘徊。这是因为有时油门稍大无人机上升，有时稍小无人机下降，所以必须控制油门才可以让无人机保证飞行高度。

降落时，同样需要注意操作顺序：降低油门，使无人机缓慢地接近地面；离地面约 5～10 cm 处稍稍推动油门，降低下降速度；再次降低油门直至无人机触地（触地后不得推动油门）；油门降到最低，锁定自动驾驶仪。相对于起飞来说，降落是一个更为复杂的操作，需要反复练习。

2. 升降练习

简单的升降练习不仅可以锻炼对油门的控制，还可以让初学者学会稳定无人机的飞行。在练习时注意场地要有足够的高度，最好在户外进行操作。

1）上升过程

上升过程是无人机螺旋桨转速增加，无人机上升，该过程的主要操作杆是油门操作杆（"美国手"左侧摇杆的前后操作杆为油门操作，"日本手"右侧摇杆的前后操作杆为油门操作）。练习上升操作时，假定已经起飞，缓缓推动油门，此时无人机会慢慢上升，油门推动越多（不要把油门推动到最高或接近最高），上升速度越大。

当达到一定高度时或者上升速度达到自己可操控限度时停止推动油门，这时会发现无人机依然在上升。若想停止上升，必须降低油门（注意，不要降低得太猛，保持匀速即可）直至无人机停止上升。然而，这时会发现无人机开始下降，这时又需要推动油门让无人机保持高度，反复操作后无人机即可保持稳定。

2）下降练习

下降过程同上升过程正好相反。下降时，螺旋桨的转速会降低，无人机会因为缺乏升力开始降低高度。在开始练习下降操作前，应确保无人机已经达到了足够的高度。在无人机已经稳定悬停时，开始缓慢地下拉油门（注意，不能将油门拉得太低）。在无人机有较为明显的下降时，停止下拉油门，这时无人机还会继续下降。同时，注意不要让无人机过于接近地面，在到达一定高度时开始推动油门迫使无人机下降速度减慢，直至无人机停止下降。这时会出现上升操作类似的情况，无人机开始上升，这时又要降低油门，保持现有高度，经过反复几次操作后无人机保持稳定。

在这个过程中，如果无人机下降的高度太多，或者快要接近地面，并且无人机无法停止下降，需要加快推动油门速度（操控者要自行考量推动油门的速度）。但是，应注意查看无人机姿态，若过于偏斜，则不可加速推动油门，否则会有危险。

3. 俯仰练习

俯仰练习也是飞行的基本操作，用于无人机的前行和后退操作，保证无人机正确飞行。

1）俯冲练习

俯冲操作时，无人机的头会略微下降，机尾会抬起。对应螺旋桨的转速，则是机头两个螺旋桨转速下降，机尾螺旋桨转速提高，随之螺旋桨提供的力就会与水平面有一定的夹角。这样，不仅可以为无人机提供抵消重力的升力，而且提供了前行的力。这时升力也会减小，所以无人机会降低，可以适当推动油门。只要向前推动操作俯冲的摇杆，无人机就会俯冲向前。同样，在俯冲前行时要注意，开始俯冲时要让飞行达到一定高度，对于新手，飞行最好离地一人以上的高度，并且确认无人机前行的线路上没有任何障碍物（并确保飞行时不会有障碍物移动到飞行器前方或附近）。

飞行时轻推摇杆，无人机即开始向前飞行。如果摇动杆的幅度越大，无人机前倾的角度也越大，前行速度越大。但是，当推动摇杆的幅度过大时，机头前的螺旋桨可能会过低，导致无人机前翻或者直接坠机（有自稳器一般不会出现该状况，但也不要轻易尝试）。所以，在推动摇杆俯冲时，推动幅度不能太大，一般只要无人机开始前行即可停止推动，保持摇杆现在的位置，让无人机继续向前飞行。同样，在飞行时需要使用其他摇杆来保持飞行方向。

2）上仰练习

上仰练习与俯冲练习类似，只不过需要将摇杆从中间位置向后拉动。在拉动过程中，无人机尾部两个螺旋桨会缓减转速，机头两个螺旋桨会加快转速，然后会出现与俯冲操作类似的现象，只是无人机会向后退行。所以，在练习操作时需要确保无人机后退的线路上没有任何障碍物，包括操作者自己也不要站在无人机后面，以免发生意外。确保一切安全后就可以开始操作练习。缓慢拉下摇杆，使无人机开始退行时停止拉动摇杆，这时无人机会继续退行。退行一段距离后，缓慢推动摇杆直到摇杆恢复到中间位置时停止推动，这时无人机就会停止退行，上仰练习完成。

4. 偏航练习

偏航练习即练习改变无人机航线。在无人机飞行过程中，改变航向也是一个常用且基本的操作。

1）左偏航练习

左偏航练习是在无人机前行时，使其向左偏转的操作（类似于汽车转弯）。在进行偏航操作时，使用到的摇杆是油门摇杆，但是只有左右方向才是偏航操作。在左偏航时，摇杆轻轻向左摆动。当摆动以后，无人机的机头会开始偏向。其实，若无人机没有使用俯仰操作时直接摇动偏航，无人机会原地旋转（类似于陀螺），转动方向与摇杆推动的幅度有关，摇杆偏离中心位置越大，转动的速度越快。左偏航需要练习两种模式：

第一种，左转弯，这项操作需要使用俯仰操作来配合。首先需要使用俯仰操作让无人机前行，然后缓慢将油门摇杆向左推动一点，然后停止操作（保持现在的摇杆位置），这时已经开始向左转弯。保持摇杆位置 2～4 s 即可将油门摇杆的左右方向回中，右侧方向摇杆全部回中。

第二种，（逆时针）旋转，这项操作只需要将油门摇杆拨动到一侧即可。但是，无人机在旋转过程中可能无法保持正确位置，所以在做旋转操作时需要有足够的耐心。轻轻拨动油门摇杆，无人机开始有轻微转动时停止拨动，保持现有位置。这时无人机会慢慢开始转动，若无人机飞行方式有些控制不住，立刻松开油门摇杆，让油门摇杆自动回中。同时，准备操控方向杆以控制无人机位置。如果发现无人机旋转，则需要拨动油门摇杆，操作无人机旋转一圈，即可完成旋转练习。

2）右偏航练习

右偏航练习同左偏航练习类似，只需要将摇杆向右推动，其也需要两种练习，即右转弯和旋转。在此提醒读者，交替练习右偏航和左偏航效果更好。

建议无人机新手在熟悉基础操作教程后，在选择试飞场地时首选草坪，这样不容易摔坏无人机。无人机新手最容易犯的错误是看见无人机飞高，一紧张就猛减油门，这样会导致无人机垂直落地。在无人机飞得比较高的情况下，慢减油门才是正确的做法。

5. 悬停练习

悬停是一项比较基本而且微操作较为复杂的操作。悬停操作需要达到的要求：保持无人机高度不变，保持飞行不会出现前移后退，保持无人机不会左右摇摆。学会悬停后，可以很好地进行无人机和发射机的微调。所以，在练习悬停时要认真体会其操作，为以后的操作打下调试基础。

悬停操作看似简单，但是由于飞控的程序自行调整的不准确性（原因可能是传感器不灵敏或内嵌程序算法质量较差，也有可能是发射机中点未校准），因此在油门固定且其他摇杆不动的情况下，无人机可能不停地乱飞（飞行速度较慢），如果发射机未校准，飞行操作会比较危险。总之，悬停操作，需要飞手有丰富的操作经验，因此需要多练习。具体的操控还需飞手自己体会。

6. 直线飞行

直线飞行是一个相对简单的操作，理论上来说，只需要推动方向杆即可，但是实际情况比较复杂。同样，由于飞控传感器和算法的问题，有时也可能是因为有风，无人机不会完全按照发射机的操作来完成动作。所以，需要调整发射机的操作，保证无人机沿直线飞行。需要注意，当俯仰摇杆推动或下拉的幅度过大时，无人机会有下降趋势，甚至有时在幅度过大时直接冲向地面，所以在进行操作时候要注意安全。

7. 曲线飞行

曲线飞行就是让无人机沿着一条曲线飞行，可以是 Z 形或 S 形的路线飞行。曲线飞行可以锻炼飞手自由操控无人机，需要反复练习操作方式并感受无人机的飞行规律。

曲线飞行比直线飞行要复杂得多。首先，明确飞行路线，确保飞行路线上没有障碍物和人；然后，无人机起飞后沿着曲线路径飞行。飞行时需要通过油门摇杆控制无人机的朝向，使用方向摇杆让无人机开始前进飞行，这样的运动组合就合成了曲线飞行路径。

但这只是一种曲线飞行的方式，因为四轴的特殊结构，所以在曲线飞行中还需要另外一种飞行方式。之前的曲线飞行时会不停地改变机头的朝向，而这种方式利用侧向飞行来实现机头不变的曲线飞行。首先，使用油门摇杆控制无人机的高度，并保持机头方向不变；然后，使用方向摇杆控制无人机前行和侧向飞行，逐步控制即可完成机头方向不变的曲线飞行。在练习前进方向飞行时，可以试着练习后退时曲线飞行。需要注意，如果还不太熟练无人机的方向控制，最好先不要练习，待熟悉无人机飞行方式的控制后再进行练习，否则会有一定的危险。

5.2.4　无人机的飞行技巧

遥控无人机危险系数较高，但是如果遵守飞行守则，飞行的安全系数还是很高的。那么如何保证安全飞行呢？

1. 大疆精灵无人机（见图 5-11）的飞行技巧

（1）对于初学者来说，在空旷的地方飞行，尽管飞行时不必抬头一直盯着无人机，但也要保证无人机一直处于视野范围内，高楼和植被的阻挡有时会影响遥控和实时信号。

（2）有时因为 GPS 或者遥控信号丢失，无人机会尝试自动返航，但是无人机并不能预见周围的障碍物，因此应该使用遥控器的 S1 开关紧急取回遥控权。

（3）不要忽略启动照相机后 App 的任何提

图 5-11　大疆精灵无人机

示。云台故障、SD 卡未插入、矫正指南针等提示非常重要，忽略提示强行起飞，非常容易造成事故。

（4）时常检查。首先检查电池寿命，按住电源 5 s 可以显示电池总寿命，一般来说，4 盏灯有 3 盏以上常亮代表电池寿命正常。电池寿命下降时会造成供电不稳定，无人机会无预警下降。然后检查螺旋桨的状态，螺旋桨是无人机最容易损坏的部件，要经常检查其是否有缺损或者裂痕。

2. 航拍中的飞行技巧

DJI 航拍器上的三轴云台的作用是保证照相机的稳定，无论无人机如何晃动，照相机始终保持在特定位置。另外，利用航拍中的飞行技巧，能让视频和照片更加完美。

（1）倒飞，更容易获得好的视频片段。大疆的 Phantom 系列在飞行时，有时因为机身摇晃得比较剧烈，螺旋桨会进入视频画面。如果是倒飞，则可以避免这个问题，也比较方便操控者使用较高的速度控制无人机飞行。对于 DJI Inspire 1 这样较为专业的无人机来说，由于其起飞以后螺旋桨抬升较高，因此不必担心这个问题。

（2）控制飞行速度。在拍摄视频片段时，首先要避免突然加速或减速，这样的视频片段会出现明显的间歇性停顿；其次在允许的条件下尽量放慢飞行速度，后期可以调整加快视频片段的播放速度，但是变慢却比较难。

（3）在新的 Phantom 系列中，由于遥控器的改进，可以不必在手机或者平板计算机上调整照相机的角度，这样就可以一边遥控一边用食指调整照相机的角度。该技巧能帮助操控者拍出很酷的视频片段。同样地，在更高级的 Inspire 系列中甚至有双遥控器的搭配，一个人控制，另一个人控制照相机，更方便灵活地运用镜头。

3. 航拍器自带的照相机的使用技巧

航拍器自带的照相机虽然性能不能和专业级单反媲美，但是其图像质量和视频质量（4K Video）还是有非常大的潜力可以挖掘的。

（1）拍摄照片时，尽量使用 RAW 格式，以此来获取更大的后期处理空间。

（2）环绕场景 360°拍摄照片，或者环绕拍摄视频再截取视频截图，用这两个办法再加上 Photoshop 的极坐标功能，可以拍摄出"小行星"效果。

（3）尽量使镜头方向保持水平，这样可以避免地平线弯曲，同时保证自然的建筑拍摄效果。

（4）将照相机角度调至最下，平行于地面。这是最能体现航拍视角的一个角度，利用该角度拍摄往往能发现很多惊喜。

5.2.5 无人机飞行突发情况处理

当无人机飞行过程中有突发状况时，首先要沉着冷静，采取正确的处理方式，尽量减少损失。首先在处理过程中要保证人身安全和公共安全，如迫降地尽量远离公路、广场等人类密集活动范围。尽量选择草地、沙地等具有缓冲作用的场地迫降，减少飞行平台的损失，保护存储卡。其次，判断问题所在，采取正确高效的挽救措施。一般紧急情况可以分成 3 种：一是飞行平台可控；二是飞行平台半控；三是完全失控甚至丢失。

1. 飞行平台可控

飞行平台可控指无人机遇到一些突发状况，导致飞行任务必须尽快结束，但是无人机还在飞手可以控制的情况下。一般有以下几种情况：

（1）天气突变，如突然下雨，突然有阵风袭击，飞机不适合继续飞行。

（2）电池电量不够或者损坏导致电池性能下降。

（3）拍摄设备出现电池电量不足，存储卡已满的情况。

（4）无线图像传输干扰或者天线掉落导致无法发送视频信息。

（5）云台失控不能保持稳定或无法操控。这些情况相对危险性不是很高，无人机能够正常飞行，至少能有迫降时间。飞手只需要沉着冷静，选好无人机最近、最安全的迫降地，并要求副手驱散附近无关人员，在稳定情况下尽快安全降落。

2．飞行平台半控

飞行平台半控指无人机遇到突发状况，导致无人机不具备完整的可控飞行功能，但是还能够被飞手采取非常规手段半操控的情况。引发这种情况的起因比较复杂，有以下几种可能：

（1）多轴中某个电动机停转，导致无人机自旋。这有可能是电动机电源线和信号线脱落或者电调故障造成的。类似这种飞行不平稳，但是飞控正常的情况，需要准确分辨机头的方向，在正确的位置调节方向舵引导无人机落到合适的位置，缓慢调整油门，在落地的瞬间打正方向舵使无人机水平降落。

（2）无人机在空中乱转甚至飞走。这种情况有可能半失控，也可能完全失控，只能用排除法来解决。切换飞行模式，GPS 模式可切换成姿态模式或者手动模式，直到飞行姿态正常并能够控制方向。若解救成功，则表明是 GPS 故障、IMU 模块松动、传感器失效或是飞行过于激烈导致自动驾驶仪故障。迫降后检查 GPS、IMU，并连接计算机调试软件查看各种功能是否正常，自检和重新校正磁罗盘。若不能解决，自动驾驶仪需送厂检修。

（3）间歇性失控。这种情况可能是干扰造成的，在可控时间里应尽量远离干扰源。

3．完全失控

如果切换模式无法接管无人机，要立即疏散人群，让无人机自行着陆。如果确认无人机失去控制向远处飞走，还可以尝试一键返航或关闭遥控器看无人机能否启动失控返航功能自动返航降落；在自动返航功能失效，无人机丢失的情况下，可以打开 App 中的飞行记录查看是否有数据保存，如果有，可以根据此数据判断无人机的大致方位，立即前去寻找，也可以用另一架无人机的航拍画面进行寻找。

5.3　无人机的飞行模式

一般无人机有多种飞行模式，下面以大疆无人机为例来讲解无人机的飞行模式。大疆无人机包括 GPS 模式、运动模式、姿态模式和手动模式 4 种飞行模式。GPS 模式是使用最频繁的飞行模式，适合新手，可定点定位。运动模式能实现精确悬停，相比于 GPS 模式，这种模式操作无人机时灵敏度更高。姿态模式需要修正姿态，适合有一定飞行经验的飞手。若无人机没有装 GPS，则只能用此模式飞行，使用率一般，不能定点但可以定高。手动模式不定点，不自动修正姿态，可以判定无人机重心是否合适，使用者较少。

5.3.1　GPS 模式

GPS 模式，大疆无人机中该模式称为 P 模式，如图 5-12 所示。顾名思义，GPS 模式就是无人机使用 GPS 模块或多方位视觉系统实现精确悬停，指点飞行、规划航线等都需要在该模式下进行。GPS 信号良好时，无人机可以实现精准定位；GPS 信号较差但光照良好时，无人机利用视觉系统实现定位，但悬停精度会变差；GPS 信号较差并且光照条件也差时，无人机不能实现精确悬停，仅提供姿态增稳，无人机此时相当于姿态模式。

图 5-12　大疆无人机的 GPS 模式

精灵 3 的 P 模式是最为常用的模式，表现比较安全稳定。P 模式又分为 P-GPS、P-OPTI 和 P-Atti 3 种模式。当遥控器切换到 P 挡时，这 3 种模式根据条件不同自动进行切换，并不需要手动调整。

1. P-GPS 模式

P-GPS 模式在卫星数不小于 6 个时自动启用，此时无人机可以实现空中准确悬停，而且卫星数越多，无人机的悬停精度越高。假如无人机高度低于 3 m，视觉定位系统满足工作条件，同时提供视觉定位和超声波增稳。因此，在 P-GPS 模式下，无人机在水平和竖直方向都比较稳定。

2. P-OPTI 模式

当无人机接收不到卫星信号或卫星信号非常微弱，但飞行环境满足视觉定位条件时，无人机将自动切换到 P-OPTI 模式，这一模式仅限于飞行高度在 3 m 以下时使用（超过 3 m 高度，将为 P-GPS 或 P-Atti 模式）。此时，视觉定位和超声波模块使无人机在水平和垂直方向比较稳定。

注意：在室内飞行时，假如地面和光照不满足视觉定位条件，那么无人机将无法使用该模式，将自动切换到 P-Atti 模式。

3. P-Atti 模式

当无人机接收不到卫星信号或卫星信号非常微弱，飞行的地面也不满足视觉定位条件时，无人机将自动切换到 P-Atti 模式，即姿态模式，在 5.3.3 节具体介绍。

5.3.2　运动模式

大疆无人机中运动模式称为 S 模式，如图 5-13 所示。在该模式下无人机通过 GPS 模块或下视视觉系统实现精确悬停。相比于 GPS 模式，该模式下操作无人机时灵敏度更高，速度更快。该模式主要为满足部分熟练飞手体验竞速而设置，不建议新手尝试。

图 5-13　大疆无人机的运动模式

5.3.3　姿态模式

大疆无人机中姿态模式称为 A 模式，如图 5-14 所示。在该模式下，不使用 GPS 模块和视觉系统进行定位，无人机仅提供姿态增稳。实际操作中，无人机会明显出现漂移，无法悬停，需要飞手通过遥控器来不断修正无人机的位置。姿态模式考验的是飞手对于无人机的操控性。在一些紧急情况下，需要切换姿态模式。

A 模式是半手动的姿态模式，在使用时无人机的表现与 P-Atti 模式相同，无人机在竖直方向比较稳定，水平方向表现为自然漂移。这一模式为手动选择不使用 GPS 模块，无人机不使用卫星信号增稳。A 模式与 P-Atti 的最大区别在于，A 模式是主动选择使用姿态模式，而 P-Atti 模式是由于条件不足被迫进入姿态模式。这一区别也使 A 模式在卫星信号良好的情况下可以记录返航点，并实现准确返航。由于 P-Atti 模式是卫星信号不足被动进入的，因此无法记录返航点，也无法准确返航。

图 5-14　大疆无人机的姿态模式

5.3.4　手动模式

大疆无人机默认没有手动模式。无人机的所有动作包括稳定姿态都需要飞手通过遥控器来控制，新手操作会比较危险。大疆无人机可通过遥控器上的飞行模式切换开关进行切换，在 DJI GO App 中设置允许切换飞行模式，之后便可以自由切换。其具体设置操作如图 5-15～图 5-17 所示。

图 5-15　大疆无人机遥控飞行模式切换开关

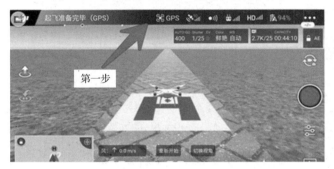

图 5-16　大疆无人机切换飞行模式

图 5-17　大疆无人机的模式切换

实验 2　大疆精灵 3 无人机试飞

1. 无人机起飞前准备

（1）下载 DJI Pilot App。扫描图 5-18 所示二维码，或用移动设备访问 http://m.dji.net/djipilot 下载 DJI Pilot App。DJI Pilot App 要求使用 iOS 8.0 及以上系统或 Android 4.1.2 及以上系统。

（2）观看入门教学视频。观看入门教学视频可扫描图 5-19 所示二维码。也可以在 DJI Pilot App 或访问 DJI 官方网站 http://www.dji.com/cn/product/phantom-3/video 观看。

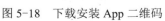

图 5-18　下载安装 App 二维码　　　图 5-19　观看视频二维码

（3）检查电量。检查电量的具体操作如图 5-20 所示。

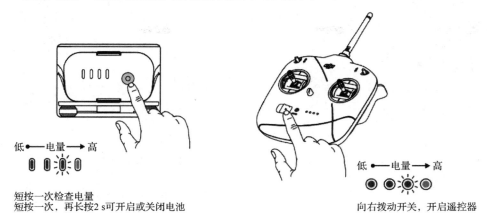

低 ←——电量——→ 高

短按一次检查电量
短按一次，再长按2 s可开启或关闭电池

低 ←——电量——→ 高

向右拨动开关，开启遥控器

图 5-20　检查电量操作

（4）电池充电。电池充电的具体操作如图 5-21 所示。

交流电源
100～240 V

USB

取出智能飞行电池

连接智能飞行电池、充电器到交流电源，
完全充满约需1.5 h

连接USB接口充电，建议使用USB充电器，
完全充满约需3 h

⚠ ·充电时，当智能飞行电池指示灯熄灭、遥控器状态指示灯绿灯常亮时，表示电量已充满

图 5-21　电池充电操作

（5）准备遥控器。遥控器的准备如图 5-22 所示。

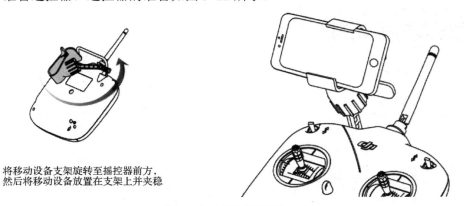

将移动设备支架旋转至摇控器前方，
然后将移动设备放置在支架上并夹稳

图 5-22　遥控器的准备

（6）飞行前的准备。飞行前的准备如图 5-23 所示。

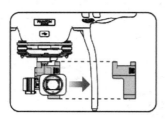

首先移除飞行器的云台锁扣

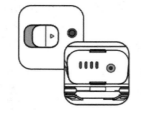

开启遥控器、飞行器电源

使移动设备连接名为
P3_XXXXXXX的Wi-Fi网
默认密码为12341234

 全新的飞行器需激活才能使用。App激活过程中需使用互联网，因此应确保激活时移动设备可以连接互联网

（a）飞行前的准备一

运行DJI Pilot App
并选择照相机界面

根据照相机界面
提示的飞行检查
列确认所有模块
运行正常

校准指南针。单击照相机界面
中正上方的飞行状态指示栏，
在列表中选择指南针校准

安装4只螺旋桨，将黑色桨帽的螺旋桨逆时
针安装到黑色电动机轴的电动机上，将银色
桨帽的螺旋桨顺时针安装到银色电动机轴的
电动机上

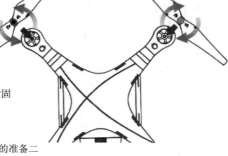

 •务必手动拧紧螺旋桨，确保螺旋桨安装正确、紧固

（b）飞行前的准备二

图5-23　飞行前的准备

（7）飞行。安全飞行操作如图5-24所示。

可安全飞行（有GPS）　起飞前请务必等待DJI Pilot App照相机界面正上方的飞行状态
指示栏为此状态，以保障飞行安全

一键起飞/降落/返航（在DJI Pilot App照相机界面中）

 单击一键起飞按钮，飞行器将自动起飞上升
至约1.2 m处悬停

 单击一键降落按钮，飞行器将自动
降落并停止电动机转动

 单击一键返航按钮可使用飞行器
自动返航，再单击一次该按钮即
可终止返航

 •飞行器自动返航时不会躲避障碍，但用户可在遥控信号
正常时控制其飞行航向，安全注意事项详见《免责声明
和安全操作指引》

（a）安全飞行操作一

图5-24　安全飞行操作

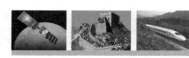

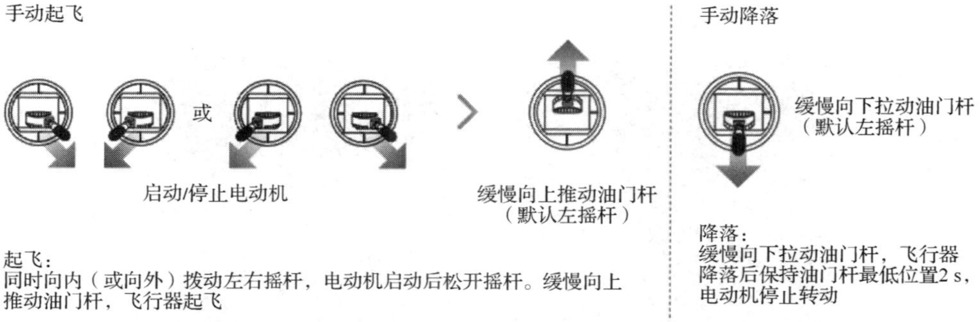

手动起飞
或
启动/停止电动机
缓慢向上推动油门杆
（默认左摇杆）
起飞：
同时向内（或向外）拨动左右摇杆，电动机启动后松开摇杆。缓慢向上推动油门杆，飞行器起飞
手动降落
缓慢向下拉动油门杆
（默认左摇杆）
降落：
缓慢向下拉动油门杆，飞行器降落后保持油门杆最低位置2 s，电动机停止转动

（b）安全飞行操作二

图 5-24　安全飞行操作（续）

（8）飞行安全。飞行安全注意事项如图 5-25 所示。

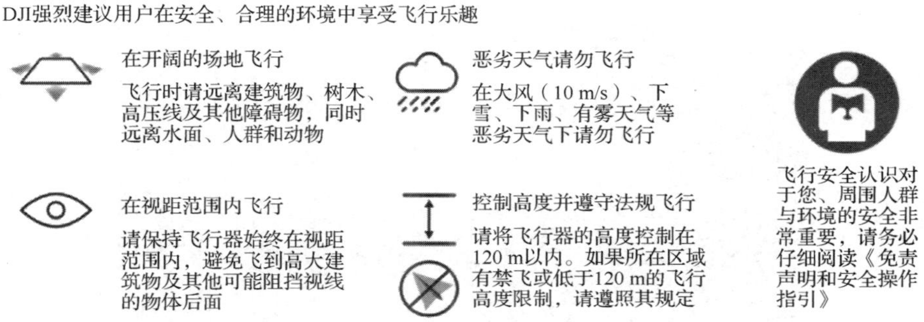

DJI强烈建议用户在安全、合理的环境中享受飞行乐趣
在开阔的场地飞行
飞行时请远离建筑物、树木、高压线及其他障碍物，同时远离水面、人群和动物
恶劣天气请勿飞行
在大风（10 m/s）、下雪、下雨、有雾天气等恶劣天气下请勿飞行
在视距范围内飞行
请保持飞行器始终在视距范围内，避免飞到高大建筑物及其他可能阻挡视线的物体后面
控制高度并遵守法规飞行
请将飞行器的高度控制在120 m以内。如果所在区域有禁飞或低于120 m的飞行高度限制，请遵照其规定
飞行安全认识对于您、周围人群与环境的安全非常重要，请务必仔细阅读《免责声明和安全操作指引》

图 5-25　飞行安全注意事项

2. 无人机试飞操作

在无人机试飞操作之前，首先进行模拟飞行。大疆精灵 3 无人机配备了安卓 DJI GO 模拟器，要使用模拟器功能，需要安装 DJI GO App。使用时需要打开遥控器、无人机和 App，而不需要安装螺旋桨。

1）操作步骤 1

打开 DJI GO App，选择右上角学院，进入模拟器，如图 5-26 所示。

学院
INSPIRE 1 RAW
视频学院
飞行宝典
慧飞学院
说明书
NEW
御 MAVIC 2
系列教学视频
首次飞行

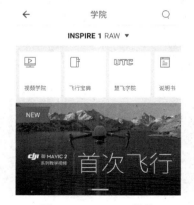

图 5-26　DJI GO 学院

模拟器分为无 GPS 和有 GPS 飞行模式，如图 5-27 和图 5-28 所示。

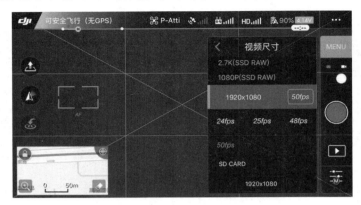

图 5-27　模拟器无 GPS 飞行模式

图 5-28　模拟器有 GPS 飞行模式

稍等片刻，画面即可出现。起飞前先来了解模拟器和真实飞行的异同，如图 5-29 所示。

图 5-29　起飞前

可以看到飞行信息界面是没有区别的，不用校准遥控，图像传输通道也不用处理，如图 5-30 所示。

图 5-30　飞行器状态列表

2）操作步骤 2

按提示设置飞控参数，如图 5-31 所示。

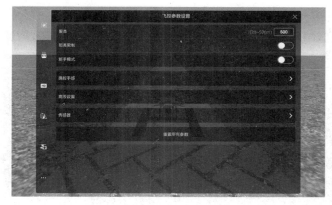

图 5-31　设置飞控参数

照相机基本设置同上，但是界面上只有姿态球，没有地图，也不会记录飞行，如图 5-32 所示。

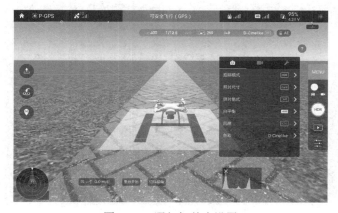

图 5-32　照相机基本设置

注意，高级设置是不能使用的，如图 5-33 所示。

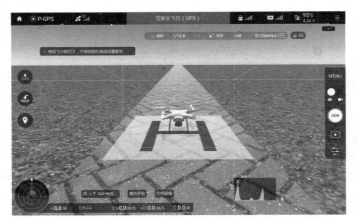

图 5-33　可安全飞行（GPS）

3）操作步骤 3

自动起飞可以使用，自动返航与其类似，如图 5-34 和图 5-35 所示。

图 5-34　自动起飞

图 5-35　自动返航

这时的默认视角是人站在起飞的地方，以第三人称看飞机的视角，如图 5-36 所示。

（a）第三人称看飞机一

（b）第三人称看飞机二

（c）第三人称看飞机三

图 5-36　第三人称看飞机

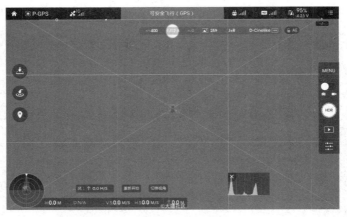

（d）第三人称看飞机四

图 5-36　第三人称看飞机（续）

　　下方有切换视角的按钮，提供了另外两种视角，第一种是跟随飞机视角，即紧紧跟在无人机后面，可用于观察无人机的飞行状态，如图 5-37 所示。

图 5-37　跟随飞机视角

　　这时可以看到飞机的状态，帮助飞手了解不同情况下无人机的姿态，如图 5-38 所示。

图 5-38　飞机状态

第二种是第一人称 FPV 视角，即平时我们看到的视角，如图 5-39 所示。

图 5-39 第一人称 FPV 视角

这个视角云台不会变化，可以看到下方云台的红点已经到最下面但画面不变，如图 5-40 所示。

图 5-40 云台

该模拟器场地太小，相对于凤凰等模拟器提供的 3D 模型来说差距较大了，如图 5-41 所示。

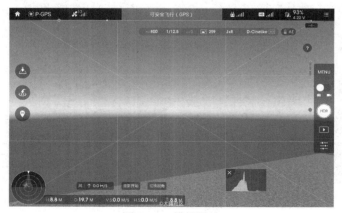

图 5-41 模拟场地

该模拟器可以模拟风，设置简单，上面是方向，下面是大小，如图 5-42 所示。

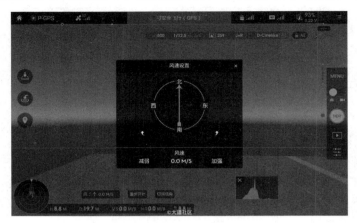

图 5-42　设置风速

按下"重新开始"按钮即可结束或重新开始，如图 5-43 所示。

（a）模拟飞行一

（b）模拟飞行二

图 5-43　模拟飞行

4）操作步骤 4

调整为智能飞行模式，如图 5-44 所示。

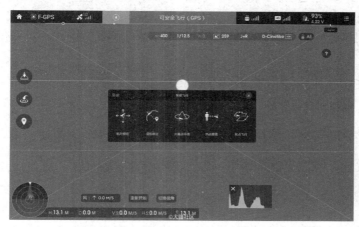

（a）智能飞行模式一

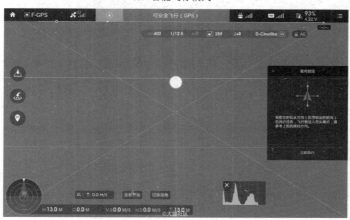

（b）智能飞行模式二

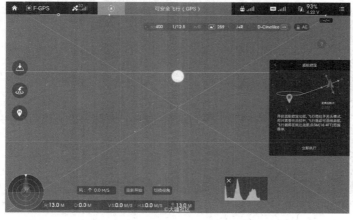

（c）智能飞行模式三

图 5-44　智能飞行模式

进行返航测试，如图 5-45 所示。

（a）返航测试一

（b）返航测试二

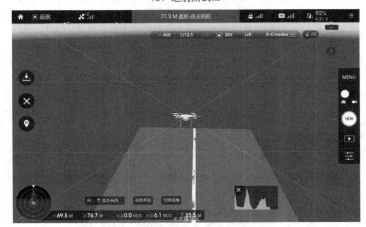

（c）自主回航

图 5-45　返航测试

切换视角查看姿态，返航过程可以手动调整躲避障碍物。

5）操作步骤 5

查看电池，由于没有电动机，因此模拟飞行的时间会长很多，在飞行过程中不会显示剩余飞行时间，只会显示电池电量，如图 5-46 所示。

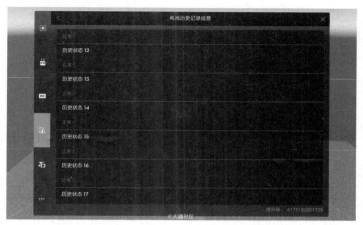

（a）电池历史

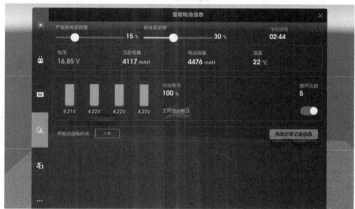

（b）智能电池信息

（c）飞行

图 5-46　查看电池

3. 模拟飞行操作

实验目的：练习操控。

（1）将遥控器的 USB 连接计算机，打开模拟飞行软件，首先练习遥控器操作按钮，分别为上升、下降、左旋转、右旋转、前进、后退、向左飞、向右飞。通过软件说明，了解遥控器操作后可进行模拟飞行练习，如图 5-47 所示。

图 5-47　无人机操作说明界面

（2）单击"进入"按钮，设置新的遥控器，按照提示进行操作，如图 5-48 所示。

图 5-48　安装模拟器遥控器

（3）操作摇杆，使柱状图移动到中间，如图 5-49 和图 5-50 所示。

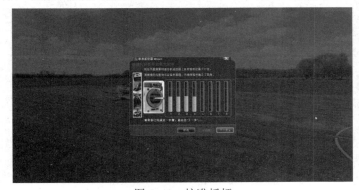

图 5-49　校准摇杆

图 5-50　校准拨码

（4）为遥控器命名后进行下一步操作，如图 5-51 所示。

图 5-51　遥控器命名

（5）按操作要求，移动操作摇杆，然后进行下一步操作，如图 5-52 和图 5-53 所示。

图 5-52　操作遥控器摇杆

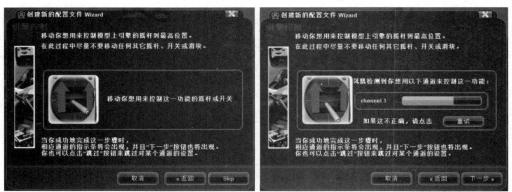

图 5-53　遥控器摇杆单独校准

（6）按操作要求，单击"完成"按钮，进入模拟飞行界面，如图 5-54 所示。

图 5-54　遥控器配置完成

（7）操作遥控器摇杆，进行模拟飞行，如图 5-55 所示。

图 5-55　"系统设置"菜单

（8）可以选择模型、场地进行模拟训练，也可以选择训练模式和比赛模式进行训练，如图 5-56 所示。

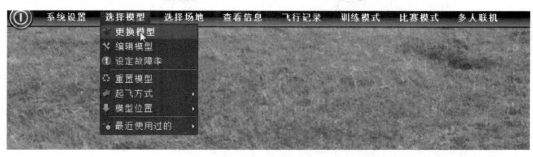

图 5-56 "选择模型"菜单

4. 精灵 3 无人机试飞

实验目的：练习操控，真机控制。

（1）遥控器出厂默认操控方式为"美国手"。左摇杆控制飞行高度与方向，右摇杆控制飞行器的前进、后退及左右飞行方向。云台俯仰控制拨轮可以控制照相机的俯仰拍摄角度。

（2）将飞行模式切换开关调到 P 挡位（P 为定位模式，A 为姿态模式，F 为功能模式）。

（3）开启遥控器。

（4）开启智能飞行电池，等待云台自检，此过程中切勿移动飞行器。

（5）连接移动设备。运行 DJI GO App 并选择照相机界面，首次连接 DJI GO App 与 Phantom 3 Advanced 时，需要在已连接互联网的环境中根据 App 的提示激活。

（6）根据照相机界面提示的飞行检查列表进行起飞前的检查，确保所有模块运行正常。第一次连接 DJI GO App 将自动进入新手模式，此模式下飞行器的飞行高度与距离将受到限制（新手模式可在 App 中 MODE 菜单中设置跳过）。

（7）安装 4 只螺旋桨，将黑色桨帽的螺旋桨逆时针安装到带黑点的电动机上，将银色桨帽的螺旋桨顺时针安装到不带黑点的电动机上。安装时一只手握住电动机，另一只手拧紧螺旋桨。

（8）一键起飞/降落（在 DJI GO App 照相机界面中）。单击"一键起飞"按键，飞行器将自动起飞并且在高度约为 1.2 m 处悬停。单击"一键降落"按键，飞行器将自动下降并在降落至地面后停止电动机。

（9）手动起飞/降落。

起飞：同时向内（或向外）拨动左右摇杆，当电动机启动后松开摇杆。缓慢向上推动油门杆（默认左摇杆），飞行器起飞。

降落：缓慢向下拉动油门杆，飞行器降低飞行高度直至降落至地面。将油门杆拉至最低位置以停止电动机。

（10）智能返航：长按遥控器的智能返航按键可使飞行器自动返航，再短按一次该按键即可终止返航。

5. 总结无人机飞行技巧

请进行无人机飞行技巧的总结，并记录。

习题 5

1. 无人机遥控器的模式有哪些？
2. 简述无人机飞行前需要检查的内容。
3. 简述无人机飞行前需要进行哪些基础练习。
4. 无人机飞行紧急情况有哪些？简述面对突发情况的解决办法。
5. 无人机有哪几种飞行模式？简述每种模式的特点。

第6章

无人机的应用

至此，读者已经系统学习了无人机的结构、原理、系统和无人机上一些设备的组装与调试，这些要素都是玩转无人机不可或缺的。本章将讲解无人机在实际生活中的应用。通过本章的学习，读者将会掌握以下内容：

- 无人机航拍摄影的知识及技巧；
- 无人机摄影测量的基础及优势；
- 无人机遥感测绘的应用及所需设备。

随着无人机航拍技术的发展，航拍技术成为现实图像获取的重要途径。无人机在获取图像时受天气影响较小，拥有机动灵活、起降方便、成像清晰等特点，成为人们进行地理地质分析、救援救灾和线路故障排查的重要帮手。现在，各领域对无人机的需求也越来越多，应用领域和范围也在不断拓展。无人机应用主要包括航拍摄影、农业植保、巡检、遥感测绘，以及军事上的情报侦察、军事打击、信息对抗、通信中继、模拟飞行和空中报警等。

6.1 航拍摄影

6.1.1 航拍摄影基础

无人机航拍摄影以无人驾驶飞机作为空中平台，以机载遥感设备，如高分辨率 CCD 数码照相机、轻型光学照相机、红外扫描仪、激光扫描仪、磁测仪等获取信息，用计算机对图像信息进行处理，并按照一定精度要求制作成图像。全系统在设计和最优化组合方面具有突出的特点，是集成了高空拍摄、遥控遥测技术、视频影像微波传输和计算机影像信息处理的新型应用技术。

使用无人机进行小区域遥感航拍技术在实践中取得了明显的成效和经验。以无人机为空中遥感平台的微型航空遥感技术，适应国家经济和文化建设发展的需要，为中小城市特别是城镇县、乡等地区经济和文化建设提供了有效的遥感技术服务手段。遥感航拍技术对我国经济的发展具有重要的促进作用。

1. 无人机航拍摄影的特点

无人机航拍影像具有高清晰度、大比例尺、小面积、高现势性的优点，特别适合获取带状地区航拍影像（公路、铁路、河流、水库、海岸线等）。同时，无人机还为航拍摄影提供了操作方便，易于转场的遥感平台。无人机的起飞降落受场地限制较小，在操场、公路或其他较开阔的地面均可起降，其稳定性、安全性好，转场等非常容易。多用途、多功能的影像系统是获取遥感信息的重要手段。遥感航拍使用的摄影、摄像器材主要是经过改装的 120 照相机，其可拍摄黑白、彩色的负片及反转片，也可使用小型数字摄像机或视频无线传输技术进行彩色摄制。小型轻便、低噪节能、高效机动、影像清晰、轻型化、小型化、智能化是无人机航拍的突出特点。图 6-1 所示为无人机航拍图片。

图 6-1　无人机航拍图片

2. 无人机航拍摄影注意事项

初学无人机航拍摄影需要注意以下问题：风力不能太大，不宜超过 3 级；飞行路线要避开飞机场附近和军事飞行路线；一定要找空旷的地方，以保持 GPS 信号的稳定。航拍无人机是通过 GPS 卫星定位来操作飞行的，在飞行之前必须确保 GPS 成功连接，连接不成功的一定不能飞行。此外，飞行途中若 GPS 失效，很容易"飘走"或出现撞墙、撞树等其他意外情况。

当飞行途中发现 GPS 失效时，可以在操作杆上进行"关控"处理，航拍无人机会自动返航。一般情况下，不建议轻易使用该操作，一旦原路返程，路线上若遇电线杆，两者就会相撞。除非可以提前预见返程的后果，否则必须谨慎使用该操作。

初学者如何学习控制无人机航拍摄影？对于初学者来说，一定要抓住与经验丰富的教练一起飞行的机会，亲自尝试，消除初次飞行的紧张心理。很多时候，一些初学者从理论学习转到实际飞行时，起飞、降落都很稳，10 min 就可以学会飞行，但这并不意味着可以熟练掌控无人机进行航拍摄影。初学者需要注意，无人机在空中做左右、前进等基本动作时，飞手的目光应该一直对着飞机的尾部来操控，否则会迷失方向。因为无人机在空中是可以转圈的，操作杆的方向与无人机的飞行方向不总是保持一致的，有可能让它往左，它却往右，所以一旦无人机发生转向或越轴，操作杆与方向相反。

此外，"小精灵"航拍无人机的高度可以达四五百米，在实际操作中，一般不需要飞这么高，将高度控制在 200 m 之下即可。换言之，可以将无人机操控在一个半球体内，半径为 200 m。航拍的照相机镜头以广角为主。

3. 无人机航拍摄影安全基本要求

无人机航拍安全作业体现在无人机的飞行高度和总航程、实地信息采集、起降场地坐标和场地选择几方面。

1）飞行高度和总航程

（1）设计飞行高度应高于摄像区和航路上最高点 100 m 以上。

（2）设计航线总航程应小于无人机能到达的最远航。

2）实地信息采集

工作人员需对摄像区周围进行实地勘查，采集地形地貌、地表植被，以及周边的机场、重要设施、城镇布局、道路交通、人口密度等信息，为起降场地的选取、航线规划和应急预案制定等提供资料。

3）起降场地坐标

实地踏勘时，应携带手持或车载 GPS 设备记录起降场地和重要目标的坐标位置，结合已有的地图或影像资料起降场地的高程确定相对于起降场地的航摄飞行高度。

4）场地选择

（1）常规航摄作业。根据无人机的起降方式，寻找并选取适合的起降场地。对于非应急性质的航摄作业，起降场地应满足以下要求：

① 距离军用、商用机场须在 10 km 以上。

② 起降场地相对平坦、通视良好。

③ 远离人口密集区，半径 200 m 范围内不能有高压线、高大建筑物等重要设施。

④ 起降场地地面应无明显凸起的岩石块、土坎、树桩，也无水塘、大沟渠等。

⑤ 附近应无正在使用的雷达站、微波中继、无线通信等干扰源，在不能确定的情况下，应测试信号的频率和强度，如对系统设备有干扰，须改变起降场地。

⑥ 无人机采用滑跑起飞滑行降落的，滑跑路面条件应满足其性能指标要求。

（2）应急航摄作业。对于灾害调查与监测等应急性质的航摄作业，在保证行安全的前提下，起降场地要求可适当放宽。

4. 无人机航拍摄影前的安全检查

（1）检查外观在以往的使用及运输过程当中是否有损坏。

（2）检查无人机、螺旋桨、遥控器是否完整。

（3）要确保移动设备、无人机智能电池和遥控器电池的电量充足。

（4）在上电检测前，将无人机上一些不必要的安全防护配件拆除。

（5）开始上电检测，开启遥控器的电源（先短按一次，再长按一次电源键即可）。

（6）将移动设备固定至移动支架上，并连接好数据线。

（7）开启无人机的电源（先短按一次，再长按一次电源键即可）。

（8）打开 App，进入照相机界面。

（9）启动电动机和停止电动机测试。

（10）关闭所有设备电源后，安装螺旋桨（应在对应的位置上安装）。

（11）起飞前进行机器调试，这一点非常重要，因为一旦上天失误就无法弥补，无人机存在不可控的风险。机器调试包括查看照相机的白平衡、快门、光圈等基本参数设置是否合理，电池、内存卡是否装好。无人机起飞前最好提前备案并购买保险，超视距商业航拍最好根据当地政策提前进行拍摄备案，并购买相应的商业保险。

（12）切记避开干扰源。航拍时，避开树木、高压线及通信基站等干扰，监看航拍画面的同时关注飞机姿态，要通过 OSD 叠加数据来判断飞行高度、速度、姿态等信息，确保飞行安全。为了避免电磁干扰，确保安全，建议读者学会用姿态模式或者手动模式飞行。

6.1.2 无人机航拍摄影技巧

无人机航拍是当下很流行的话题，航拍需要有一定的拍摄技巧。对于新手来说，航拍最大的问题是没有规划，与后期剪辑制作不对应。本节介绍无人机航拍摄影技巧。

1. 航拍前期规划

1）选择航拍时机

航拍展示的是景物不常见的另一面，它除给人以新奇的感觉外，还能让人体会到一种胸襟宏大、气吞万里的气势。然而，这种宏大的气势因时间、季节的不同有很大的差别。一般来说，一天中，早中晚的景色是不同的，因而落实到摄像机的色温也不一样；同样的地方，因一年四季温度的不同会呈现出不同的景色，这是我们在航拍时必须首先把握的。要根据不同的航拍任务和拍摄类型选择不同的拍摄时间。例如，除拍摄冰天雪地的雪景外，一般在九、十月份拍摄为最佳。这是因为九、十月份秋高气爽，天高云淡，视野开阔，景物清晰，此时是航拍的最佳时机。

2）规划航拍路线

拍摄之前，应根据脚本制定周密的拍摄方案。对地面拍摄范围内的所有景物进行整体观察和综合分析，找出最能代表某地形象、气质和品格的景物，并对要表现的景物通过感官的提炼，使它更形象化。同时，根据拍摄连续性的特点，确定航拍线路、方位、高度和频次等，形成连贯的结构方案，做到全局在胸。空中拍摄时，要选好航拍切入点，从什么地方起飞，到什么位置，用什么角度拍摄最具代表性的景物，都要事先计划好。

3）选择航拍器材

应根据不同的拍摄任务选择合适的无人机。一般记录性拍摄任务，如婚礼、庆典、小型活动等，特别是在既有室外又有室内的拍摄环境下，可以选择消费级航拍无人机；竞技比赛类航拍宜选用专业四旋翼无人机；大型活动和影视剧航拍最好选用专业的六旋翼或者多旋翼无人机，可以携带专业航拍器材，拍摄满足影视剧图像质量的素材。根据不同的画面要求，选用合适的照相机和镜头；根据镜头口径，准备好常用的 ND 镜；给照相机电池充电并准备好备用电池存储卡等；确定视频拍摄制式（一般选用 PAI 制）、ISO（感光度）、光圈值等；所有系统软件升级到最新版本；测试图像传输和各项操作功能。

2. 航拍构图

从本质上看，航拍构图和地面拍摄构图其实没有区别，只是完成操作的方式不一样。摄影是一种交流和表达，构图是它的表达方式。好的构图能够更好地表达想法，它能够消除随机性，有计划地安排观看者的视线。构图技巧呈现了不同的表达方式，在航拍中，构图的本质不变，地面拍摄的构图技巧依然有效。

　　构图手法主要有九宫格构图、三分法构图、二分法构图、向心式构图、对称式构图、S形构图、平行线构图、星罗式构图、消失点构图和 V 形构图等，如图 6-2 所示。

（a）九宫格构图　　　　　　　　　（b）三分法构图　　　　　　　　　（c）二分法构图

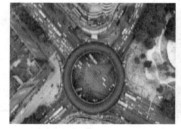

（d）向心式构图　　　　　　　　　（e）对称式构图　　　　　　　　　（f）S 形构图

（g）平行式构图　　　　　　　　　　　　　　　（h）星罗式构图

（i）消失点构图　　　　　　　　　　　　　　　（j）V 形构图

图 6-2　构图手法

3. 航拍手法与技巧

（1）远角平飞、俯首向前、镜头垂直向前。

（2）向前拉高、拉高低头、直线横移、横移拉高。

（3）横移+拉高+向前、横移+拉高+后退。

（4）向前+拉高+转身+横移、目标环绕、向前+环绕。

（5）飞越回头、侧身向前、侧身向前+转身+侧身后退。

（6）俯首向后、由近及远、盘旋拉升。

6.2 摄影测量

6.2.1 摄影测量基础

1. 摄影测量学的基本概念

摄影测量（Photogrammetry）指的是通过影像研究信息的获取、处理、提取和成果表达的一门信息科学。摄影测量学是对光学摄影机或数码照相机获取的相片进行处理以获取被摄物体的形状、大小、位置特性及其相互关系的一门学科。

2. 摄影测量学的基本任务

摄影测量学是测绘学的分支学科，它的主要任务是测绘各种比例尺的地形图，建立数字地面模型，为各种地理信息系统和土地信息系统提供基础数据。

摄影测量学要解决的两大问题是几何定位和影像解译。几何定位就是确定被摄物体的大小、形状和空间位置。几何定位的基本原理源于测量学的前方交汇方法，它是根据两个已知的摄影站点和两条已知的摄影方向线，交汇出构成这两条摄影光线的待定地面点的三维坐标。影像解译就是确定影像对应地物的性质。

3. 摄影测量的特点

（1）通过对影像进行量测和解译，无须接触物体本身，很少受气候、地理等条件的限制。

（2）所摄影像是客观物体或目标的真实反映，信息丰富、形象直观，可以从中获得所研究物体的大量几何信息和物理信息；可以拍摄动态物体的瞬间影像，完成常规方法难以实现的测量工作。

（3）摄影测量适用于大范围地形测绘，成图快，效率高。

（4）摄影测量产品形式多样，可以生产纸质地形图、数字线划地图（Digital Line Graphic，DLG）、数字高程模型（Digital Elevation Model，DEM）、数字正射影像图（Digital Orthophoto Map，DOM）和实景三维模型等。

4. 摄影测量的分类

根据不同的标准，可以将摄影测量分为以下几类：

（1）根据摄影时摄影机所处位置不同，摄影测量可分为地面摄影测量、航空摄影测量、航天摄影测量和显微摄影测量。其中航空摄影测量根据照相机数量和安装方式的不同可分为正直航空摄影测和倾斜航空摄影测量，按飞行高度的不同可分为一般航空摄影测量和低空航空摄影测量。无人机航空摄影测量属于低空航空摄影测量。

（2）根据应用领域不同，摄影测量可分为地形摄影测量与非地形摄影测量两大类。

（3）根据技术处理手段不同（或历史发展阶段不同），摄影测量可分为模拟摄影测量、解析摄影测量和数字摄影测量。现阶段摄影测量全部采用数字摄影测量。

6.2.2　无人机摄影测量的优势

无人机摄影测量以无人机作为飞行平台，配备高分辨率数码照相机作为传感器，在系统中集成应用 GNSS、IMU 和 GIS 等技术，可以快速获取一定区域的真彩色、高分辨率（大比例尺）和现势性强的地表航空遥感数字影像数据，经过摄影测量数据处理后，能够提供指定区域的数字高程模型、数字正射影像图、数字线划地形图和数字栅格地图（Digital Raster Graphic，DRG）等 4D 测绘成果，或者建立地面实景三维模型。这是航天卫星遥感与普通航空摄影在测绘领域中不可缺少的补充手段。目前，无人机摄影测量技术发展日趋成熟，应用越来越广泛。

与航天卫星遥感和普通航空摄影测量相比，无人机摄影测量主要有以下优势：

（1）机动灵活性和安全性更高。无人机具有灵活机动的特点，受空中管制和气候的影响较小，能够在恶劣环境下直接获取遥感影像。即使设备出现故障，也不会出现人员伤亡，具有较高的安全性。

（2）低空作业，获取的影像分辨率更高。无人机可以在云下超低空飞行，弥补了航天卫星遥感和普通航空摄影经常受云层遮挡获取不到影像的缺陷，可获取比航天卫星遥感和普通航空摄影更高分辨率的影像。同时，低空多角度摄影可以获取建筑物多面高分辨率的纹理影像，弥补了航天卫星遥感和普通航空摄影获取城市建筑物时遇到的高层建筑遮挡缺陷。

（3）成果精度较高。无人机航空摄影测量可达到 1∶1000 测图精度。无人机为低空飞行器，飞行作业高度在 50～1000 m，航空摄影影像数据地面分辨率可达 5 cm 以上，摄影测量 4D 成果的平面和高程精度可达到亚分米级，可生产符合规范精度要求的 1∶1000 数字地形图，能够满足城市建设精细测绘的需要。

（4）成本相对较低且操作简单。无人机低空航摄系统使用成本低，耗费低，对操作员的培养周期相对较短，系统的保养和维修简便，可以无须机场起降。当前唯一将航空摄影和测量集于一体的航空摄影测量作业方式是测绘单位实现按需开展航摄飞行作业的理想生产模式。

（5）周期短且效率高。面积较小的大比例尺地形测量任务（10～100 km²）受天气和空域管理的限制较多，大飞机普通航空摄影测量成本高。采用全野外数据采集方法成图工作量大，成本高；而采用无人机航空摄影测量技术，利用其机动、快速和经济等优势，在阴天和轻雾天也能获取合格的影像，从而减轻劳动强度。

6.3　遥感测绘

6.3.1　测绘基础

1．测绘学的概念

测绘学是以地球为研究对象，对其进行测量和描绘的科学。可以将测绘理解为利用测

量仪器测定地球表面自然形态的地理要素和地表人工设施的形状、大小、空间位置及其属性等，然后根据观测到的这些数据通过地图制图的方法将地面的自然形态和人工设施等绘制成地图，通过图的形式建立并反映地球表面实地和地形图的相互对应关系这一系列的工作，如图 6-3 所示。在测绘范围较小区域，可不考虑地球曲率的影响而将地面当成平面；当测量范围是大区域时，如一个地区、一个国家，甚至全球，由于地球表面不是平面，测绘工作和测绘学所要研究的问题就不像前面那样简单，而是变得复杂得多。此时，测绘学不仅研究地球表面的自然形态和人工设施的几何信息的获取和表述问题，还要把地球作为一个整体，研究获取和表述其几何信息之外的物理信息，如地球重力场的信息及这些信息随时间的变化。随着科学技术的发展和社会的进步，测绘学的研究对象不仅是地球，其研究范围已扩大到地球外层空间的各种自然和人造实体。因此，测绘学基本概念的完整表述是研究对实体（包括地球整体、外表及外层空间各种自然和人造实体）中与地理空间分布有关的各种几何、物理、人文及其随时间变化的信息的采集、处理、管理、更新和利用的科学与技术。就地球而言，测绘学研究测定和推算地面及其外层空间点的几何位置，确定地球形状和地球重力场，获取地球表面自然形态和人工设施的几何分布及与其属性有关的信息，编制全球或局部地区的各种比例尺的普通地图和专题地图，建立各种地理信息系统，为国民经济发展和国防建设及地学研究服务。因此，测绘学主要研究地球多种时空关系的地理空间信息，与地球科学研究关系密切，可以说测绘学是地球科学的一个分支学科。

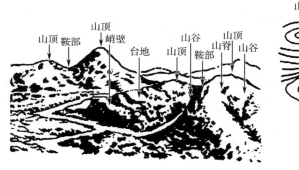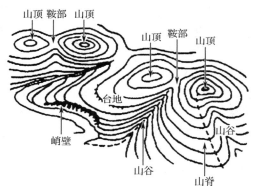

图 6-3　实地与地形图的对应关系

2. 测绘学研究的主要内容

测绘学的研究内容很多，涉及许多方面。现仅就测绘地球来阐述其主要内容。

（1）根据研究和测定得到的地球形状、大小及其重力场成果，建立一个统一的地球坐标系统，用以表示地球表面及其外部空间任一点在这个地球坐标系中准确的几何位置。由于地球的外形近似于一个椭球（称为地球椭球），因此地面上任一点的几何位置均可用该点在地球椭球面上的经纬度和高程表示。

（2）根据已知大量的地面点的坐标和高程进行地表形态的测绘工作，包括地表的各种自然形态，如水系、地貌、土壤和植被的分布；也包括人类社会活动所产生的各种人工形态，如居民地、交通线和各种建筑物等。

（3）采用各种测量仪器和测量方法获得自然界和人类社会现象的空间分布、相互联系及其动态变化信息，并按照地图制图的方法和技术进行反映和展示出来的数据集即为地绘。对于小面积的地表形态测绘，可以利用普通测量仪器，通过平面测量和高程测量的方法直接测绘各种地图；对于大面积的地表形态测绘，先用传感器获取区域地表形态和人工空间分布的影像信息，再根据摄影测量理论和方法间接测绘各种地图。

（4）各种工程建设和国防建设的规划、设计、施工和建筑物建成后的运营管理中都需要进行相应的测绘工作，并利用测绘资料引导工程建设的实施，监视建筑物的形变。这些测绘往往要根据具体工程的要求，采取专门的测量方法。对于一些特殊的工程，还需要特定的高精度测量或使用特种测量仪器完成相应的测量任务。

（5）在海洋环境（包括江河湖泊）中进行测绘工作与陆地测绘有很大的区别，主要区别是内容综合性强，需多种仪器配合施测，同时完成多种观测项目，测区条件比较复杂，海面受潮汐、气象因素等影响起伏不定，大多数为动态作业，观测者不能用肉眼透视水域底部，精确测量难度较大。因此，要研究海洋水域的特殊测量方法和仪器设备，如无线电导航系统、电磁波仪器水声定位系统、卫星组合导航系统、惯性组合导航系统及天文方法等。

（6）测量仪器构造上的不可避免的缺陷、观测者的技术水平和感觉器官的局限性及自然环境的各种因素，如气温、气压、风力、透明度和大气折光等变化，都会对测量工作产生影响，给观测结果带来误差。虽然随着测绘科技的发展，测量仪器可以制造得越来越精密，甚至可以实现自动化或智能化；观测者的技术水平可以不断提高，能够非常熟练地进行观测，但也只能减小观测误差，将误差控制在一定范围内，而不能完全消除它们。因此，在测量工作中必须研究和处理这些带有误差的观测值，设法消除或削弱其误差，以便提高被观测量的质量，这就是测绘学中的测量数据处理和平差问题。它是依据一定的数学准则，如最小二乘法准则，由一系列带有观测误差的测量数据求未知量的最佳估值及其精度的理论和方法。

（7）将承载各种信息的地图图形进行地图投影、综合、编制、整饰和制印，或者增加某些专门要素，形成各种比例尺的普通地图和专题地图。因此，传统地图学就是研究地图制作的理论、技术和工艺。

（8）测绘学的研究和工作成果最终要服务于国民经济建设、国防建设及科学研究，因此要研究测绘学在社会经济发展的各个相关领域中的应用。

3. 测绘学的作用

（1）测绘学在科学研究中的作用。地球是人类和社会赖以生存和发展的唯一星球。经过古往今来人类的活动和自然变迁，如今的地球正变得越来越躁动不安，人类正面临一系列全球性或区域性的重大难题和挑战，测绘学在探索地球的奥秘和规律、深入认识和研究地球的各种问题中发挥着重要作用。现代测量技术已经或将要实现无人工干预自动连续观测和数据处理，可以提供几乎任意时域分辨率的观测系列，具有检测瞬时地学事件（如地壳运动、重力场的时空变化、地球的潮汐和自转变化等）的能力。这些观测成果可以用于地球内部物质结构和演化的研究，尤其是大地测量观测结果，其在解决地球物理问题中可以起着某种佐证作用。

（2）测绘学在国民经济建设中的作用。测绘学在国民经济建设中具有广泛作用。在经济发展规划、土地资源调查和利用海洋开发、农林牧渔业的发展、生态环境保护及各种工程、矿山和城市建设等各个方面都必须进行相应的测量工作，编制各种地图和建立相应的地理信息系统，以供规划、设计、施工管理和决策使用。例如，在城市化进程中，城市规划、乡镇建设和交通管理等都需要城市测绘数据、高分辨率卫星影像、三维景观模型、智能交通系统和城市地理信息系统等测绘高新技术的支持。在水利、交通、能源和通信设施的大规模高难度工程建设中，不但需要精确勘测大量现势性强的测绘资料，而且需要在工程全过程中采用地理信息数据进行辅助决策。丰富的地理信息是国民经济和社会信息化的重要基础，传统产业的改造优化升级与企业生产经营，发展精细农业，构建"数字中国"和"数字城市"，发展现代物流配送系统和电子商务，实现金融、财税和贸易信息化等，都需要以测绘数据为基础的地理空间信息平台。

（3）测绘学在国防建设中的作用。在现代化战争中，武器的定位、发射和精确制导需要高精度的定位数据、高分辨率的地球重力场参数、数字地面模型和数字正射影像。以地理空间信息为基础的战场指挥系统可持续、实时地提供虚拟数字化战场环境信息，为作战方案的优化、战场指挥和战场态势评估实现自动化、系统化和信息化提供测绘数据和基础地理信息保障。这里，测绘信息可以提高战场上的精确打击力，夺得战争胜利或主动权。公安部门合理部署警力，有效预防和打击犯罪也需要电子地图、GPS 和地理信息系统的技术支持。测绘空间数据库和多媒体地理信息系统不仅在实际疆界划定工作中起着基础信息的作用，还对边界谈判、缉私禁毒、边防建设与界线管理等均有重要的作用。尤其是测绘信息中的许多内容涉及国家主权和利益，决不可失其严肃性和严密性。

（4）测绘学在国民经济建设和社会发展中的作用。国民经济建设和社会发展的大多数活动是在广袤的地域空间进行的。政府部门或职能机构既要及时了解自然和社会经济要素的分布特征与资源环境条件，又要进行空间规划布局，还要掌握空间发展状态和政策的空间效应。但由于现代经济和社会的快速发展与自然关系的复杂性，人们解决现代经济和社会问题的难度增加。因此，为实现政府管理和决策的科学化、民主化，要求提供广泛通用的地理空间信息平台，而测绘数据是其基础。在此基础上，将大量经济和社会信息加载到这个平台上，形成符合真实世界的空间分布形式，建立空间决策系统，进行空间分析和管理决策，以及实施电子政务。当今人类正面临环境日趋恶化、自然灾害频繁、不可再生能源和矿产资源匮乏及人口膨胀等社会问题，社会经济迅速发展和自然环境之间产生了巨大矛盾。要解决这些矛盾，维持社会的可持续发展，必须了解地球的各种现象及其变化和相互关系，采取必要措施来约束和规范人类自身的活动，减少或防范全球变化向不利于人类社会的方面演变，指导人类合理利用和开发资源，有效地保护和改善环境，积极防治和抵御各种自然灾害，不断改善人类生存和生活环境质量。在防灾减灾、资源开发和利用、生态建设与环境保护等影响社会可持续发展方面，各种测绘和地理信息可用于规划方案的制定，灾害、环境监测系统的建立，风险的分析，资源、环境调查与评估，可视化的显示及决策指挥等。

4. 测绘学的分类

随着测绘科学技术的发展和时间的推移，测绘学的学科分类多种多样。按照传统的分类方法，测绘学可分为以下几类。

1）大地测量学

大地测量学是一门量测和描绘地球表面的学科，是测绘学的一个分支。该学科主要是研究和测定地球形状、大小、地球重力场、整体与局部运动和地表面点的几何位置及其变化的理论和技术。在大地测量学中，测定地球的大小是指测定地球椭球的大小，研究地球形状是指研究大地水准面的形状（或地球椭球的扁率），测定地面点的几何位置是指测定以地球椭球面为参考面的地面点位置。将地面点沿椭球法线方向投影到地球椭球面上，用投影点在椭球面上的大地经纬度表示该点的水平位置，用地面至地球椭球面上投影点的法线距离表示该点的大地高程。在一般应用领域，如水利工程，还需要以平均海水面（大地水准面）为起算面的高度，即通常所称的海拔。

大地测量学的基本内容如下：

（1）根据地球表面和外部空间的观测数据，确定地球形状和重力场，建立统一的大地测量坐标系。

（2）测定并描述地壳运动、地极移动和潮汐变化等地球动力学现象。

（3）建立国家大地水平控制网、精密水准网和海洋大地控制网，满足国家经济、国防建设的需要。

（4）研究大规模高精度和多类别的地面网、空间网和联合网的观测技术和数据处理理论与方法。

（5）研究解决地球表面的投影变形及其他相应大地测量中的计算问题。

大地测量系统规定了大地测量的起算基准、尺度标准及其实现方式。由固定在地面上的点所构成的大地网或其他实体，按相应于大地测量系统的规定模式构建大地测量参考框架，大地测量参考框架是大地测量系统的具体应用形式。大地测量系统包括坐标系统、高程系统/深度基准和重力参考系统。

2）摄影测量学

摄影测量学是研究利用摄影或遥感的手段获取目标物的影像数据，从中提取几何的或物理的信息，并用图形、图像和数字形式表达测绘成果的学科。它的主要研究内容有获取目标物体的影像，并对影像进行量测和处理，将所测得的成果用图形、图像或数字表示。摄影测量学包括航空摄影（图 6-4）、航天摄影（图 6-5）、航空航天摄影测量和地面摄影测量等。航空摄影是在飞机或其他飞行器上利用摄像机摄取地面景物影像的技术。航天摄影是在航天飞行器（卫星、航天飞机、宇宙飞船）中利用摄影机或其他遥感探测器（传感器）获取地球的图像资料和有关数据的技术，这是航空摄影的拓展。航空航天摄影测量是根据在航空或航天器上对地摄取的影像获取地面信息，测绘地形图。地面摄影测量是利用安置在地面上基线两端点处的专用摄像机拍摄的立体像对，对所摄目标物体进行测绘的技术，所以又称为近景摄影测量。

图 6-4 航空摄影

图 6-5 航天摄影

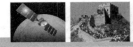

3）地图制图学

地图制图学是研究地图（包括模拟地图和数字地图）及其编制和应用的学科，主要研究内容包括地图设计，即通过研究、实验，制定新编地图内容、表现形式及其生产工艺程序；地图投影，它是研究依据一定的数学原理将地球椭球面的经纬线网描绘在地图平面上相应的经纬线网的理论和方法，如图 6-6 所示。地图编制就是研究制作地图的一种理论和技术，主要包括制图资料的分析和处理、地图原图的编绘，以及图例、表示方法、色彩图形和制印方案等编图过程的设计；地图印制，它是研究复制和印刷地图过程中各种工艺的理论和技术方法；地图应用，研究地图分析、地图评价、地图阅读、地图量算和图上作业等。

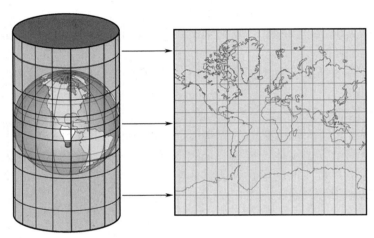

图 6-6　地图投影

随着计算机技术的引入，出现了计算机地图制图技术。它是根据地图制图原理和地图编辑过程的要求，利用计算机输入/输出等设备，通过数据库技术和图形数字处理方法，实现地图数据的获取、处理、显示、存储和输出。此时地图是以数字形式存储在计算机中的，故称为数字地图。有了数字地图，就能生成在屏幕上显示的电子地图。计算机地图制图的实现，改变了地图的传统生产方式，节约了人力，缩短了成图周期，提高了生产效率和地图制作质量，使得手工地图渐渐被数字化地图所取代。

4）工程测量学

工程测量学主要研究在工程建设和自然资源开发各个阶段进行测量工作的理论和技术，包括地形图测绘及工程有关的信息的采集和处理、施工放样及设备安装、变形监测分析和预报等，以及对与测量和工程有关的信息进行管理和使用。它是测绘学在国民经济建设和国防建设中的直接应用，包括规划设计阶段的测量、施工建设阶段的测量和运行管理阶段的测量。每个阶段测量工作的内容、重点和要求各不相同。

工程测量学的研究应用领域既有相对的稳定性，又是不断变化的。总的来说，它主要包括以工程建筑为对象的工程测量和以机器、设备为对象的工业测量两大部分。在技术方法上可分为普通工程测量和精密工程测量。工程测量学的主要任务是为各种工程建设提供测量保障，满足工程所提出的各种要求。精密工程测量代表着工程测量学的发展方向。

5. 测绘基准、测绘系统和测量标志

1）测绘基准

测绘基准指的是一个国家整个测绘的起算依据和各种测绘系统的基础。测绘基准包括所选用的各种大地测量参数、统一的起算面、起算基准点、起算方位及有关的地点、设施和名称等。测绘基准主要包括大地基准、高程基准、深度基准和重力基准。

（1）大地基准。大地基准是建立大地坐标系统和测量空间点点位的大地坐标的基本依据。我国目前大多数地区采用的大地基准是 1980 西安坐标系。其大地测量常数采用国际大地测量学与地球物理学联合会第 16 届大会（1975 年）推荐值，大地原点设在陕西省泾阳县水乐镇。2008 年 7 月 1 日，经国务院批准，我国正式开始启用 CGCS 2000 国家大地坐标系，CGCS 2000 国家大地坐标系是全球地心坐标系在我国的具体体现。

（2）高程基准。高程基准是建立高程系统和测量空间点高程的基本依据。我国目前采用的高程基准为 1985 年国家高程基准。

（3）深度基准。深度基准是海洋深度测量和海图图载水深的基本依据。我国目前采用的深度基准因海区不同而有所不同。中国海区从 1956 年采用理论最低潮面（即理论深度基准面）作为深度基准，内河、湖泊采用最低水位、平均低水位或设计水位作为深度基准。

（4）重力基准。重力基准是建立重力测量系统和测量空间点的重力值的基本依据。我国先后使用了 57 重力测量系统、85 重力测量系统和 2000 重力测量系统。我国目前采用的重力基准为 2000 国家重力基准。

测绘基准的主要特征如下：

（1）科学性。任何测绘基准都是依靠严密的科学理论、科学手段和科学方法经过严密的演算和施测建立起来的，其形成的数学基础和物理结构都需符合科学理论和方法的要求。因此，测绘基准具有科学性的特点。

（2）统一性。为保证测绘成果的科学性、系统性和可靠性，满足科学研究、经济建设和国防建设的需要，一个国家和地区的测绘基准必须是严格统一的。测绘基准不统一，不仅使测绘成果不具有可比性和衔接性，也会对国家安全和城市建设及社会管理带来不良后果。

（3）法定性。测绘基准由国家最高行政机关国务院批准，测绘基准数据由国务院测绘行政主管部门负责审核，测绘基准的设立必须符合国家的相关规范和要求，使用的测绘基准由国家法律规定，从而使测绘基准具有法定性的特征。

（4）稳定性。测绘基准是一切测绘活动的测绘成果的基础和依据，测绘基准一经建立，便具有相对的稳定性，在一定时期内不能轻易改变。

2）测绘系统

（1）测绘系统的概念。测绘系统是指由测绘基准延伸，在一定范围内布设的各种测量控制网。测绘系统是各类测绘成果的依据，包括大地坐标系统、平面坐标系统、高程系统、地心坐标系统和重力测量系统。

① 大地坐标系统。大地坐标系统是用来表述地球点的位置的一种地球坐标系统，它采用一个接近地球整体形状的椭球作为点的位置及其相互关系的数学基础。大地坐标系统的 3 个坐标是大地经度、大地纬度和大地高。我国先后采用的大地坐标系有 1954 北京坐标系、1980 西安坐标系和 CGCS 2000 国家大地坐标系。

② 平面坐标系统。平面坐标系统是指确定地面点的平面位置所采用的一种坐标系统。大地坐标系统是建立在椭球面上的，而地图绘制的坐标则是平面上的，因此，必须通过地图投影把椭球面上的点的大地坐标科学地转换成展绘在平面上的平面坐标。平面坐标用平面上两轴相交成直角的纵、横坐标表示。我国陆地的平面坐标系统采用"高斯-克吕格平面直角坐标系"。它是利用高斯-克吕格投影将不可平展的地球椭球面转换成平面而建立的一种平面直角坐标系。

③ 高程系统。高程系统是用以计算全国高程测量控制网中各点高程所采用的统一系统。我国规定采用的高程系统是正常高系统。我国在不同时期采用的法定高程系统主要包括1956黄海高程系和1988年国家高程基准。

④ 地心坐标系统。地心坐标系统是坐标原点与地球质心重合的大地坐标系统或空间直角坐标系统。我国目前采用的 CGCS 2000 国家大地坐标系是全球地心坐标系，其原点为包括海洋和大气的整个地球的质量中心。国家测绘局在 2008 年发布的 2 号公告中指出，CGCS 2000 国家大地坐标系与现行国家大地坐标系转换衔接的过渡期为 8～10 年，现有各类测绘成果在过渡期内可沿用现行国家大地坐标系，2008 年 7 月 1 日后新生产的各类测绘成果应采用 CGCS 2000 国家大地坐标系。

⑤ 重力测量系统。重力测量系统是重力测量施测与计算所依据的重力测量基准和计算重力异常所采用的正常重力公式的总称。我国在不同时期采用的重力测量系统包括 57 重力测量系统、85 重力测量系统和 2000 重力测量系统。

（2）测绘系统管理。我国的《中华人民共和国测绘法》（以下简称《测绘法》）对测绘系统进行了明确的规定，并确立了严格的测绘法律责任。测绘系统管理的基本法律规定如下：

① 从事测绘活动要使用国家规定的测绘系统。

② 国家建立全国统一的大地坐标系统、平面坐标系统、高程系统、地心坐标系统和重力测量系统，确定国家大地测量等级和精度。《测绘法》第九条对国家建立统一的测绘系统进行了规定，并明确测绘系统的具体规范和要求由国务院测绘行政主管部门会同国务院其他有关部门、军队测绘主管部门制定。

③ 采用国际坐标系统和建立相对独立的平面坐标系统要依法经过批准。《测绘法》明确规定采用国际坐标系统，在不妨碍国家安全的前提下，必须经国务院测绘行政主管部门会同军队测绘主管部门批准。因建设、城市规划和科学研究的需要，大城市和国家重大工程项目确需建立相对独立的平面坐标系统的，由国务院测绘行政主管部门批准；其他确需建立相对独立的平面坐标系统的，由省、自治区、直辖市人民政府测绘行政主管部门批准。

④ 未经批准擅自采用国际坐标系统和建立相对独立的平面坐标系统的，应当承担相应的法律责任。

3）测量标志

测量标志是国家重要的基础设施，是国家经济建设、国防建设、科学研究和社会发展的重要基础。长期以来，我国在陆地和海洋边界内布设了大量的用于标定测量控制点空间地理位置的永久性测量标志，包括各等级的三角点、基线点、导线点、军用控制点、重力点、天文点、水准点和卫星定位点的木质规标和标石标志、GPS 卫星地面跟踪站及海底大地点设施等，这些标志在我国各个时期的国民经济建设和国防建设中都发挥了巨大的作用，是我国十分宝贵的财富。

测量标志是指在陆地和海洋标定测量控制点位置的标石、规标及其他标记的总称。标石一般是指埋设于地下一定深度，用于测量和标定不同类型控制点的地理坐标、高程、重力、方位和长度等要素的固定标志；钢标是指建在地面上或者建筑物顶部的测量专用标架，是观测照准目标和提升仪器高度的基础设施。根据使用用途和时间期限，测量标志可分为永久性测量标志和临时性测量标志两种。

（1）永久性测量标志。永久性测量标志是指设有固定标志物以供测量标志使用单位长期使用的需要永久保存的测量标志，包括国家各等级的三角点、基线点、导线点、军用控制点、重力点、天文点、水准点和卫星定位点的木质规标、钢质规标和标石标志，以及用于地形测图、工程测量和形变测量等的固定标志和海底大地点设施等。

（2）临时性测量标志。临时性测量标志是指测绘单位在测量过程中临时设立和使用的，不需要长期保存的标志和标记。例如，测站点的木桩、活动规标、测旗、测杆、航空摄影的地面标志及描绘在地面或者建筑物上的标记等都属于临时性测量标志。

6. 我国常用的坐标系统

1954 年以前，我国曾建立过南京坐标系、佘山坐标系、长春坐标系，但未全部开展大地测量工作，也没有得到广泛应用。后来，我国大地测量工作进入了全面发展时期，在全国范围内开展了正规的、全面的大地测量工作。目前我国常用的坐标系统有 1954 北京坐标系、1980 西安坐标系、新 1954 北京坐标系、WGS-84 世界大地坐标系与 CGCS 2000 国家大地坐标系，其中前面三种坐标系为参心坐标系，后面两种则为地心坐标系。

1）1954 北京坐标系

中华人民共和国成立后，将我国一等三角锁与苏联远东一等三角锁相连接，然后以连接处呼玛、吉拉宁和东宁 3 个基线网扩大边端点的苏联 1942 普尔柯夫坐标系的坐标为起算数据，局部平差我国东北及东部地区一等三角锁，随后扩展、加密而遍及全国。这样传算过来的坐标系定名为 1954 北京坐标系，我国即根据该坐标系建成了全国天文大地网。1954 北京坐标系诞生后，逐步推向全国，成为国家大地坐标系。

1954 北京坐标系为参心坐标系，大地上的一点可用经度 L、纬度 B 和大地高 H 定位。它是以克拉索夫斯基椭球为基础，经局部平差后产生的坐标系。1954 北京坐标系可以认为是苏联 1942 普尔柯夫坐标系的延伸，但也不能完全说就是该系统。因为高程异常是以苏联 1955 大地水准面重新平差的结果为起算值，按我国天文水准路线推算出来的，而高程又是以 1956 年青岛验潮站的黄海平均海水面为基准的。

因此，1954 北京坐标系的特点可归纳为以下几点：

（1）属于参心坐标系。

（2）采用克拉索夫斯基椭球的两个几何参数。

（3）大地原点在苏联的普尔柯夫。

（4）采用多点定位法进行椭球定位。

（5）高程基准为 1956 年青岛验潮站求出的黄海平均海水面。

（6）高程异常以苏联 1955 大地水准面重新平差结果为起算数据，按我国天文水准路线推算而得。

2）1980 西安坐标系

1980 西安坐标系是为进行全国天文大地网整体平差而建立的。根据椭球定位的基本原理，在建立 1980 西安坐标系时有以下先决条件：

（1）大地原点在我国中部，具体地点是陕西省泾阳县永乐镇，如图 6-7 所示。

（2）1980 西安坐标系是参心坐标系，椭球短轴 Z 轴平行于地球质心指向地极原点方向，大地起始子午面平行于格林尼治平均天

图 6-7　中华人民共和国大地原点

文台子午面；X 轴在大地起始子午面内与 Z 轴垂直指向经度 0 方向；Y 轴与 Z、X 轴成右手坐标系。

（3）椭球参数采用 IUGG（International Union of Geodesy and Geophysics，国际大地测量和地球物理学联合会）1975 年大会推荐的参数，因而可得 1980 西安坐标系椭球几个常用的几何参数如下：

$$长半轴\ a=6\ 378\ 140\pm5\ （m）$$
$$短半轴\ b=6\ 356\ 755.288\ 2\ （m）$$
$$扁率\ \alpha=1/298.257$$

1980 西安坐标系具有以下特点：

（1）采用严密平差，大地点的精度大大提高，最大点位误差在 1 m 以内，边长相对误差约为 $1/2\times10^5$。

（2）在全国范围内，参考椭球面和大地水准面符合很好，高程异常为零的两条等值线穿过我国东部和西部，大部分地区高程异常值在 20 m 以内，它对距离的影响小于 $1/3\times10^5$。

（3）控制网平差后提供的大地点成果属于 1980 西安坐标系（地心坐标系），所有点与原 1954 北京坐标系（参心坐标系）成果不同。产生差异的原因主要有两点：一是使用不同参考椭球（椭球参数不一致，坐标原点不同），同一点在不同椭球上的三维坐标值不一致；二是平差方法不一致，1980 西安坐标系采用整体平差，1954 北京坐标系采用局部平差。

（4）不同坐标系统的控制点坐标可以通过一定数量的共同点，采用数学拟合模型，在一定精度范围内进行互相转换。

3）新 1954 北京坐标系

因 1980 西安坐标系属于天文大地网整体平差，而 1954 北京坐标系属于局部平差，故两系统存在局部性系统差，这一差异使地形图图廓线位置发生变化，两系统下分别施测的地形图在接边处产生裂隙，给实际工作带来不便。新 1954 北京坐标系是在 1980 西安坐标系的基础上，将基于 IUGG 1975 年椭球的 1980 西安坐标系平差成果整体转换为基于克拉索夫斯基椭球的坐标值，并将 1980 西安坐标系坐标原点空间平移建立起来的。

新 1954 北京坐标系是综合 1980 西安坐标系和 1954 北京坐标系而建的，其采用多点定位，定向明确。大地原点与 1980 西安坐标系相同，但大地起算数据不同。与 1954 北京坐标系相比，新 1954 北京坐标系所采用的椭球参数相同，定位相近，但定向不同。1954 北京

坐标系是 1980 西安坐标系整体平差结果的转换值，因此，新 1954 北京坐标系与 1954 北京坐标系之间并无全国范围内统一的转换参数，只能进行局部转换。

4）WGS-84 世界大地坐标系

WGS-84 世界大地坐标系是一种国际上采用的地心坐标系，坐标原点为地球质心。其地心直角坐标系的 Z 轴指向国际时间局（Bureau International de I Heure，BIH）1984.0 定义的协议地级（CTP）方向，X 轴指向 BIH 1984.0 的协议子午面和 CTP 赤道的交点，Y 轴与 Z 轴、X 轴垂直构成右手坐标系，又称 1984 世界大地坐标系。这是一个国际协议地球参考系统，是目前国际系统上采用的大地坐标系。

5）CGCS 2000 国家大地坐标系

CGCS 2000 国家大地坐标系是为适应 21 世纪的发展和建设的需要而建立的地心坐标系，国务院批准自 2008 年 7 月 1 日启用 CGCS 2000 国家大地坐标系。

CGCS 2000 国家大地坐标系的原点为包括海洋和大气的整个地球的质量中心；Z 轴由原点指向历元 2000.0 的地球参考极的方向，该历元的指向由国际时间局给定的历元 1984.0 作为初始指向来推算，定向的时间演化保证相对于地壳不产生残余的全球旋转；X 轴由原点指向格林尼治参考子午线与地球赤道面（历元 2000.0）的交点；Y 轴与 Z 轴、X 轴构成右手正交坐标系。CGCS 2000 国家大地坐标系的尺度为在引力相对论意义下的局部地球框架下的尺度。

CGCS 2000 国家大地坐标系的框架由 CGCS 2000 国家大地控制网点组成，包括 CGCS 2000 国家 GPS 大地控制网，CGCS 2000 国家大地坐标系下的近 5 万个、二等天文大地网点，近 10 万个三、四等天文大地网点。

7. 测量误差基础

在测量工作中，无论测量仪器多精密，观测多仔细，测量结果总是存在着差异。例如，对某段距离进行多次测量或反复观测同一角度，会发现每次观测结果往往不一致；又如，观测三角形的 3 个内角，其和并不等于理论值 180°。这种观测值之间或观测值与理论值之间存在差异的现象，说明观测结果存在着各种测量误差。此外，在测量过程中还可能出现错误，如读错、记错等。

1）测量误差产生的原因

（1）观测者。由于观测者的感觉器官的鉴别能力的局限性，在仪器安置、照准和读数等工作中都会产生误差。同时，观测者的技术水平及工作态度也会对观测结果产生影响。

（2）测量仪器。测量工作所使用的测量仪器都具有一定的精密度，从而使观测结果的精度受到限制。另外，仪器本身构造上的缺陷也会使观测结果产生误差。

（3）外界观测条件。外界观测条件是指野外观测过程中外界条件的因素，如天气的变化、植被的不同、地面土质松紧的差异、地形的起伏、周围建筑物的状况，以及太阳光线的强弱、照射的角度大小等。

有风会使测量仪器不稳，地面松软可使测量仪器下沉，强烈阳光照射会使水准管变形。太阳的高度角、地形和地面植被决定了地面大气温度梯度，观测视线穿过不同温度梯度的大气介质或靠近反光物体，都会使视线弯曲，产生折光现象。因此，外界观测条件是保证野外测量质量的一个重要因素。

观测者、测量仪器和观测时的外界条件是引起观测误差的主要因素，通常称为观测条件。观测条件相同的各次观测称为等精度观测，观测条件不同的各次观测称为非等精度观测。任何观测都不可避免地会产生误差。为了获得观测值的正确结果，就必须对误差进行分析研究，以便采取适当的措施来消除或削弱其影响。

2）测量系统误差的分类

测量误差按其性质可分为系统误差、偶然误差和粗差。

（1）系统误差。系统误差由仪器制造或校正不完善、观测员生理习性、测量时外界条件或仪器检定时不一致等原因引起。在同一条件下获得的观测列中，其数据、符号或保持不变，或按一定的规律变化。系统误差在观测成果中具有累积性，对成果质量影响显著，应在观测中采取相应措施予以消除。

（2）偶然误差。它的产生取决于观测进行中的一系列不可能严格控制的因素（如湿度、温度和空气振动等）的随机扰动。在同一条件下获得的观测列中，其数值、符号不定，表面看没有规律性，实际上是服从一定的统计规律的。随机误差又可分两种：一种是误差的数学期望不为零，称为随机性系统误差；另一种是误差的数学期望为零，称为偶然误差。这两种随机误差经常同时发生，必须根据最小二乘法原理加以处理。

（3）粗差。粗差是由一些不确定因素引起的误差，国内外学者对于粗差还未有统一的看法。目前关于粗差的观点主要有以下几类：①将粗差看作与偶然误差具有相同的方差，但期望值不同；②将粗差看作与偶然误差具有相同的期望值，但其方差十分巨大；③偶然误差与粗差具有相同的统计性质，但有正态与病态的不同。以上理论均是把偶然误差和粗差视为属于连续型随机变量的范畴。还有一些学者认为粗差属于离散型随机变量。

当观测值中剔除了粗差，排除了系统误差的影响，或者与偶然误差相比系统误差处于次要地位时，占主导地位的偶然误差就成了我们研究的主要对象。从单个偶然误差来看，其出现的符号和大小没有一定的规律性；但对大量的偶然误差进行统计分析，就能发现其规律性，误差个数越多，规律性越明显。这样，在观测成果中可以认为主要是存在偶然误差，研究偶然误差占主导地位的一系列观测值中求未知量的最或然值以及评定观测值的精度等是误差理论要解决的主要问题。

6.3.2 遥感基础

遥感技术是指非接触的、远距离获取其反射、辐射或散射的电磁波信息（如电场、磁场电磁波和地震波等信息），并进行提取、判定、加工处理、分析与应用的一门探测科学和技术。遥感一般指运用传感器/遥感器对物体的电磁波的辐射、反射特性进行探测，从而对目标进行判定和识别，判定地球环境和资源的类型、数量。遥感技术在 20 世纪 60 年代兴起后，由于其具有大范围、快速和多种高度应用等优点，被广泛应用于军事和国民经济等各个方面，在当前社会中得到了广泛应用，并且在今后有很大的发展空间和前景。

1. 遥感的基本概念

遥感是指一切无接触的远距离的探测技术，是运用现代化的运载工具和传感器，从远距离获取目标物体的电磁波特性，通过该信息的传输、存储、修正和识别目标物体，最终实现其功能（定时、定位、定性和定量）。

广义上来说，遥感泛指一切无接触的远距离探测，包括对电磁场、力场和机械波（声波、地震波）等的探测。

狭义上来说，遥感是指从不同高度的平台上使用各种传感器，接收来自地球表层的各种电磁波信息，并对这些信息进行加工处理，从而对不同的地物及其特性进行远距离探测和识别的综合技术。

2. 遥感系统的组成

遥感是一门对地观测综合性技术，实施遥感是一项复杂的系统工程，既需要一整套技术装备，又需要多种科学参与和配合。遥感系统主要由以下四大部分组成。

1）信息源

信息源是遥感需要对其进行探测的目标物。任何目标物都具有反射、吸收、透射及辐射电磁波的特性，当目标物与电磁波发生相互作用时会形成目标物的电磁波特性，这就为遥感探测提供了获取信息的依据。

2）信息获取

信息获取是指运用遥感技术装备接收、记录目标物电磁波特性的探测过程。信息获取所采用的遥感技术装备主要包括遥感平台和传感器。其中遥感平台是用来搭载传感器的运载工具，常用的有气球、飞机和人造卫星等；传感器是用来探测目标物电磁波特性的仪器设备，常用的有照相机、扫描仪和成像雷达等。

3）信息处理

信息处理是指运用光学仪器和计算机设备对所获取的遥感信息进行校正、分析和解译处理的技术过程。信息处理的作用是通过对遥感信息的校正、分析和解译处理，掌握或清除遥感原始信息的误差，梳理、归纳出被探测目标物的影像特征，然后依据特征从遥感信息中识别并提取所需的有用信息。

4）信息应用

信息应用是指专业人员按不同目的将遥感信息应用于各业务领域的使用过程。信息应用的基本方法是将遥感信息作为地理信息系统的数据源，供人们对其进行查询、统计和分析利用。遥感的应用领域十分广泛，最主要的应用有军事、地质矿产勘探、自然资源调查、地图测绘、环境监测及城市建设和管理等。

3. 遥感的特点

遥感作为一门对地观测综合性科学，与其他技术手段相比具有如下特点：

1）大面积同步观测（范围广）

遥感探测能在较短的时间内，从空中乃至宇宙空间对大范围地区进行对地观测，并从中获取有价值的遥感数据。这些数据拓展了人们的视觉空间，如一张陆地卫星图像，其覆盖面积可达 3 万多平方千米。这种展示宏观景象的图像对地球资源和环境分析极为重要。

2）时效性、周期性

遥感获取信息速度快，周期短。由于卫星围绕地球运转，因此能及时获取所经地区的各种自然现象的最新资料，以便更新原有资料，或根据新旧资料变化进行动态监测，是人工实地测量和航空摄影测量无法比拟的。

3）数据综合性和可比性、约束性

（1）能动态反应地面事物的变化。遥感探测能周期性、重复地对同一地区进行对地观测，有助于人们通过所获取的遥感数据发现并动态地跟踪地球上许多事物的变化。同时，研究自然界的变化规律，尤其是在监视天气状况、自然灾害、环境污染甚至军事目标等方面，遥感的运用就显得格外重要。

（2）获取的数据具有综合性。遥感探测获取的是同时段、覆盖大范围地区的遥感数据，这些数据综合展现了地球上许多自然与人文现象，宏观地反映了地球上各种事物的形态与分布，真实体现了地质地貌、土壤、植被、水文和人工建筑物等地物的特征，全面揭示了地理事物之间的关联性，并且这些数据在时间上具有相同的现势性。

（3）获取信息的手段多，信息量大。根据不同的任务，遥感技术可选用不同波段和遥感仪器来获取信息。例如，可采用可见光探测物体，也可采用紫外线、红外线和微波探测物体。利用不同波段对物体不同的穿透性，还可获取地物内部信息，如地面深层、水的下层、冰层下的水体和沙漠下面的地物特性等。另外，微波波段还可以全天候工作。

4）经济社会效益

遥感获取信息受条件限制少。在地球上有很多地方自然条件极为恶劣，人类难以到达，如沙漠、沼泽和高山峻岭等。采用不受地面条件限制的遥感技术，特别是航天遥感，可方便及时地获取各种宝贵资料。

5）局限性

目前，遥感技术所利用的电磁波还很有限，仅是其中的几个波段范围。在电磁波谱中，尚有许多谱段的资源有待进一步开发。此外，已经被利用的电磁波段对许多地物特征还不能准确反应，还需要高光谱分辨率遥感及遥感以外的其他手段相配合，特别是地面的调查和验证尚不可缺少。

4. 遥感的分类

根据不同的分类标准，遥感可以有不同的分类。

1）按遥感平台分

（1）地面遥感：传感器设置于地面平台上，如车载、船载、手持、固定或活动高架平台等。

（2）航空遥感：传感器设置于航空器上，主要是无人机、气球或飞艇等。

（3）航天遥感：传感器设置于环地球的航天器上，如人造地球卫星、航天飞机、空间站等。

（4）航宇遥感：传感器设置于星际飞船上，指对地月系统外的目标的探测。

2）按传感器探测波段分

（1）紫外遥感：探测波段在 $0.05 \sim 0.38\ \mu m$。

（2）可见光遥感：探测波段在 $0.38 \sim 0.76\ \mu m$。

（3）红外遥感：探测波段在 0.76～1000 μm。

（4）微波遥感：探测波段在 1～1000 mm。

（5）多波段遥感：探测波段在可见光波段和红外波段范围内，再分成若干窄波段来探测目标。

3）按工作方式分

（1）主动遥感：由探测器主动发射一定的电磁波能量并接收目标的后向散射值。

（2）被动遥感：传感器不向目标发射电磁波，仅被动接收目标物的自生发射和对自然辐射源的发射能量。

4）按是否成像分

（1）成像遥感：将探测到的强弱不同的地物电磁波辐射（反射或发射）转换成深浅不同的（黑白）色调，构成直观图像的遥感资料形式，如航空影像、卫星影像等。

（2）非成像遥感：将探测到的电磁辐射转换成相应的模拟信号（如电压或电流信号）或数字化输出，或记录在磁带上面构成非成像方式的遥感资料，如陆地卫星 CCT 磁带等。

5）按应用领域分

（1）从宏观研究领域遥感可分为外层空间遥感、大气层遥感、陆地遥感和海洋遥感等。

（2）从具体应用领域遥感可分为资源遥感、环境遥感、农业遥感、林业遥感、渔业遥感、地质遥感和气象遥感等。

5. 无人机遥感的发展与应用

1）无人机遥感的基本概念

随着测绘科学技术的发展，各个领域对遥感数据的需求逐渐增加，但数据获取的手段相对不足。以无人机为空中遥感平台的遥感技术，正是适应这一需要而发展起来的一项新型技术。无人机遥感是指利用先进的无人驾驶飞行器技术、遥感传感器技术、遥测遥控技术、通信技术、GPS 差分定位技术和遥感应用技术，具有自动化、智能化、专题化，快速获取国土、资源、环境等的空间遥感信息，完成遥感数据处理、建模和应用分析能力的应用技术，如图 6-8 所示。

图 6-8　无人机遥绘技术

2）无人机遥感的特点

（1）快速的机动响应能力。无人机机动灵活，能通过地面运输快速到达指定目标区

域。起飞方便，可以通过车载或者地面方式从多种地域直接发射，通过滑行和伞降的方式进行回收。

（2）操作简单，目的明确。无人机遥感具有智能化和自动化特点。事先设置无人机飞行路线，在飞行中通过校对和调整来达到对目标的精确测量，通过故障自动诊断及显示功能来排除故障。

（3）使用成本低。无人机体形小，耗费低，系统的保养和维修简单方便。

（4）影像数据获取能力强。无人机搭载的高精度数码成像设备具备面积覆盖大、垂直或倾斜成像的技术能力，获取图像的空间分辨率达到分米级。

3）无人机遥感影像数据的特点

（1）高分辨率遥感影像数据获取能力。无人机遥感获取的图像空间分辨率达到了分米级，但其影像存在像幅较小，相片数量多，工作量较大，效率低，影像的倾角过大且倾斜方向没有规律的问题，给连接点的提取和布设带来困难。

（2）无人机遥感平台的稳定性稍差。无人机遥感平台的稳定性较差，高空风力的影响易使飞行轨迹不规则，部分偏离主航道，这就使得拍摄的影像航向重叠度和旁向重叠度不规则，影像间的重叠度相差加大。

（3）影像的变形较大。单幅照相机与地物空间的投射映射关系比较复杂，镜头畸变很大，影像内部几何关系比不稳定，影响的倾斜变形较大，同时地面的起伏对相片的影响也较大。

（4）无人机遥感影像的数据处理。目前针对无人机的航片处理软件主要在全自动化摄影测量处理上进行提升。以中国测绘科学院为主研制的 MAP-AT 软件在全自动化空中三角测量、自动 DEM 采集、自动 DOM 制作上取得了很多技术突破，具体处理流程如图 6-9 所示。

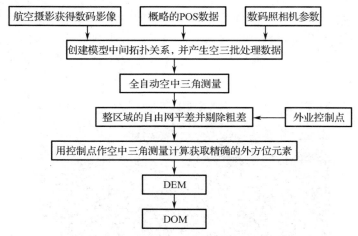

图 6-9　无人机遥感影像数据处理流程

无人机遥感技术作为一种新型的航空摄影测量方式，具有续航时间长、影像实时传输、高危地区探测、成本低、机动灵活等优点，已成为卫星遥感与有人机航空遥感的有力补充。

若使无人机成为理想的遥感平台，还需要多个关键技术，如无人机 GPS 定位技术、小面幅遥感数据快速纠正和配准技术；如何在保持其技术优势的前提下更有效地解决其旋偏角大、影像不规则等影像存在问题。

无人机遥感技术以其独特的技术特点，必将在地理国情监测、应对重大突发事件、数字城市建设、国土资源调查、测绘等诸多领域发挥积极作用。

6.3.3 无人机遥感任务设备

1. 无人机遥感任务设备的类型

无人机遥感的功能载荷的种类较多，可分为被动式遥感任务设备、主动式遥感任务设备和航空遥感通用辅助任务设备。随着电子、电池和芯片等技术的发展，一些载荷体积、质量和功耗水平都足够低的载荷不断涌现，特别是光学载荷已经在各行业及领域得到了切实的应用。

被动式遥感任务设备和主动式遥感任务设备的主要区别在于信号发射源不同。被动式遥感任务设备不带发射源，自身不发射信号，仅接收目标反射信号（如太阳光线信号、热辐射信号等），如可见光照相机和摄像机系统、红外照相机系统和多光谱成像仪等。主动式遥感任务设备自带发射源，接收自身发射至目标并反射回来电磁波信号，一般由电源、发射机和发射天线、接收机和接收天线、转换开关、信号处理器、防干扰设备、显示器等组成，如激光测距仪、机载激光雷达系统和合成孔径雷达系统等。航空遥感通用辅助任务设备指为更好完成航空遥感工作的通用辅助任务设备，主要包括航空定位定向系统（Positioning and Orientation System，POS）等。

2. POS

POS 集 DGPS（Differential Global Positioning System，差分全球定位系统）和 INS 为一体。POS 主要包括 GPS 接收机和 IMU 两部分，所以也称为 GPS/IMU 集成系统。

1）POS 的组成

POS 硬件部分主要包括 INS、DGPS 与 POS 计算机系统；POS 还包含一套事后处理软件，用于融合数据事后处理，如图 6-10 所示。

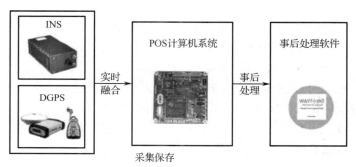

图 6-10 POS 硬件部分

其中，DGPS 通过用户与基站 GPS 接收机提供实时差分 GPS 定位信息，INS 提供载体实时角速变与加速度信息，通过 POS 计算机系统实时信息融合得到载体位置、速度和姿态

等导航信息；同时，POS 采集 INS 与 DGPS 的数据信息，利用 POS 事后处理软件得到载体位置、速度和姿态等导航信息。

2）POS 的工作原理

INS 由 IMU 和控制系统组成。IMU 又包括 3 个加速度计、3 个自由度陀螺仪及必要的数字电路和图形处理器，利用 3 个加速度计测量载体在三轴方向上的平移加速度、一次积分，获取载体的瞬间速度；同时，陀螺仪可以记录三轴在导航坐标系中的姿态角，并给出载体航向，以此实现对载体的导航工作。

GPS 是目前应用最为广泛的定位和导航系统，可以为用户提供实时的空间坐标信息、速度信息和精确授时。DGPS 技术是在已知点位上安装设置 GPS 基准站，对目标点位置接收机进行同步观测，基于基准站空间坐标信息和改正参数，对目标点数据进行求差改正，并综合全部观测数据进行平差计算，获取精确的三维坐标。

IMU 可以实现导航的完全自主化，降低了外界信息的依赖性，可以提供较高精度的导航、速度和航向等信息。但采用 IMU 的系统的导航精度完全取决于自身系统的精确性，这样就造成了定位误差的时间积累。DGPS 技术定位精度高，可以全天候进行连续定位，误差不随工作时长而积累。但采用 DGPS 技术的系统为非自主系统，不能实时提供姿态参数等，在运动过程中不易跟踪和捕获卫星信号，会造成定位精度的下降。因此，采用基于卡尔曼滤波的方式将二者进行组合，形成互补，通过信息传递、数据融合和最优化求解，就可以获得运动过程中高精度的导航系统。

3）POS 后期处理软件

以加拿大 Applanix 公司的 POS AV 系统后期处理软件 POSPac 为例介绍。

POS 后期处理软件 POSPac 用于对航摄时 POS AV 系统接收的 IMU 观测数据、机载 GPS 观测数据及地面基准站接收的 GPS 观测数据进行联合后处理，可以得到最优的导航、定位结果。POSPac 软件主要包括 4 个子模块：GPS 数据处理模块 POSGPS、GPS/IMU 联合处理模块 POSProc、检校计算模块 POSCal 和外方位元素计算模块 POSEO。

（1）POSGPS。POSGPS 用于求解机载 GPS 相位中心的三维空间坐标。将地面基准站的观测数据与机载接收机的观测数据同时进行处理，利用载波相位差分定位技术提高 GPS 的定位精度。

（2）POSProc。利用 IMU 的姿态观测数据、POSGPS 模块输出的机载定位结果及其他相关参数，用 Applanix 公司的专利算法，消除不同类型数据之间的不相容性，最终计算并输出传感器透镜中心的三维空间位置、IMU 姿态角信息和速度等导航信息。

（3）POSCal。利用 POSProc 模块的输出结果、外部输入的影像像点坐标和地面控制点坐标数据，计算航摄照相机的检校参数和 POS 的视准轴误差检校参数。

（4）POSEO。根据 POSProc 模块的输出结果和用户选定的坐标系统，输出摄影测量计算时所需要的每幅影像的 6 个外方位元素。

3. 可见光照相机系统

据不完全统计，现有无人机遥感系统的传感器类型有 70%以上为光学数码照相机，因此光学数码照相机仍是无人机传感器的主要构成。在未来一段时间内，光学数码相机依然会是无人机遥感的重要载荷。

无人机光学遥感载荷按成像波段可分为全色（黑白）、可见光（彩色相片）、红外和多光谱传感器，按成像方式可分为线阵列传感器和面阵列（框幅式）传感器，按照相机用途可分为量测式和非量测式照相机。由于无人机受到载荷和成本的限制，因此往往采用非量测式、可见光（RGB 三通道波段）的框幅式照相机，即市面上常用的单反、微单及卡片数码照相机。

1）可见光照相机的发展现状

在无人机遥感光学载荷方面，国内科研人员开展了大量的集成研制工作。2004 年，王斌永等设计了一款基于多面阵 CCD 传感器成像方式的小型多光谱成像仪，内置摄影控制软件，具备自动驾驶仪通信、获取飞行参数、解算适宜曝光时间、修正曝光时间和实时存储数据等功能。2006 年，贾建军等针对无人机遥感有效载荷的特点，利用成熟的商业光学镜头、照相机机身、高分辨率大面阵 CCD 成像模块和嵌入式计算机硬件系统，通过光学、机械和电子学软硬件模块的集成，设计了一套实用的无人机大面阵 CCD 照相机遥感系统。2013 年，刘仲宇等以保证系统的识别距离和照相机像素数为目标，采用实时传统型商业数码照相机为照相机载荷，自行开发嵌入式硬件控制电路操控照相机拍摄，集成开发了一款超小型无人机照相机系统，经过飞行实验，得到了高分辨率的清晰图像。

针对无人机单照相机系统影像幅面小、基高比小等导致的飞行作业效率低、测图精度低等问题，国内相关科研机构研发了中画幅量测型数码照相机和多数应用于无人机的组合宽角大幅面照相机。中测新图（北京）遥感技术有限责任公司研制了 TOPDC-1 系列中画幅量测型数码照相机，其分为 3 种型号，分别具有 4000 万、6000 万和 8000 万像素，并配备了 47 mm、80 mm 两种焦距可更换镜头。中国测绘科学院先后研制了 CK-LACO4 四拼照相机和 CK-LACO2 双拼照相机等多种适用于无人机的特小型组合特宽角照相机，采用了不同于以往组合照相机的新型机械结构方式，实现了组合照相机的内部自检校。遥感科学国家重点实验室在设备研制类项目支持下，进行了由 4 个照相机组合而成的超低空无人机大幅面遥感成图轻微性传感器载荷系统改造研制。在这些组合照相机研制中使用的单个照相机一般为国外高端民用单反照相机。

在直接用于无人机遥感的普通民用数码照相机研制方面，我国与日本、美国等发达国家有一定的差距。目前，国内在实际无人机遥感作业中使用的民用数码照相机以国外品牌为主，佳能、尼康和索尼三大主流照相机厂商属于绝对垄断地位。我国虽有爱国者、明基、海尔、海高、凤凰和宝淇等众多照相机品牌，但因工艺水平不高，图像质量尚低于进口照相机。国产数码照相机在普通民用市场上占有一定份额，但较少用于无人机遥感中。

2）框幅式照相机摄影测量基本原理

框幅式照相机的测绘原理为小孔成像，在某一个摄像瞬间获得一张完整的相片。一张相片上的所有像点共用一个摄影中心和同一个相片面，即共用一组外方位元素。

4. 典型的无人机可见光系统

由于无人机体积和承重能力的限制，用于无人机遥感的光学载荷一般要求质量小、体积小。目前，国内外无人机上使用的光学载荷主要有飞思、哈苏等中画幅数码照相机，尼康、佳能、索尼、富士、徕卡及三星等小画幅数码单反照相机及国内的 CK-LACO2 双拼照相机等。这类照相机系统机身质量（不含镜头）较小，外形尺寸较小，有效像素一般在 8000 万以下，像元尺寸在 3.9～6.4 μm。下面简单介绍其中几款产品。

1）中画幅照相机

（1）飞思照相机 Phase One iXU 180（图 6-11）。飞思照相机 Phase One iXU 180 是丹麦厂商飞思于 2015 年推出的最小 8000 万像素无人机航拍照相机。虽然 Phase One 早在 2014 年初就已经在中画幅照相机上配备了 CMOS 传感器，但这次的 Phase One iXU 180 配备的是尺寸达 53.7 cm×40.4 mm 的 CCD 传感器，分辨率高达 10 328×7760。借助可选配件，照相机的 ISO 范围为 33～800。在升空前，用户需要在 6 个快速同步施耐德·克鲁茨纳奇镜头中选择一个。每个镜头都支持电控中央叶片式快门，速度可达 1/1600 s。Phase One iXU 180 的体积为 97.4 mm×93 mm×110 mm，质量为 925 g，可以以 RAW、JPEG 及 TIFF 格式输出照片。其支持 CF 卡，内置 GPS，同时提供 USB 3.0 及 RS-232 串口通信，也提供安全电源输入及照相机触发器接口。

（2）哈苏相机 Hasselblad H6D（图 6-12）。2016 年 4 月，哈苏发布了全新中画幅照相机系统 H6D，新产品包括搭载 1 亿像素传感器的 H6D-100c 和 5000 万像素的 H6D-50c 两款机型。H6D 系列拥有全新的 COMS 和更快速的处理器，搭配 3 英寸 92 万画点触摸屏、SD+CFast 双卡槽，内建 WiFi、USB 3.0 接口，H6D-100c 的 ISO 最高可达 12 800，提供 1.5fps 的连拍速度，支持 15 挡动态范围，而 H6D-50c 则支持 14 挡动态范围、2fps 连拍速度。

图 6-11　飞思照相机 Phase One iXU 180　　　图 6-12　哈苏相机 Hasselblad H6D

（3）徕卡相机。徕卡相机是德国原装手工制作的相机。徕卡相机在现今生产的专业相机中，结构合理，加工精良，质量可靠。2014 年 9 月，徕卡公司发布了两款顶级 S 系列高性能级 Leica S（Type 007）（见图 6-13）和入门级 Leica S-E（Type 006）中画幅数码单反照相机。Leica S（Type 007）照相机内置 WiFi 和 GPS 功能，机身采用镁铝合金材质，可在恶劣环境工作，搭载 3750 万像素 30 mm×45 mm 徕卡 Pro 格式 CMOS 传感器，无低通滤镜，16 位色深，双快门系统，2 GB 机身级内存，最高连拍速度提升至 3.5 张/s。

2）全画幅数码照相机。

（1）尼康全画幅照相机。日本尼康于 2012 年 2 月推出全新 FX 格式尼康 D800 数码单镜反光照相机（见图 6-14），采用 3630 万有效像素，并搭载了新型 EXPEED3 数码图像处理器和约 9100 像素 RGB 感应器，其高清晰度和图像品质可匹敌中画幅数码照相机的画质。另外，该款照相机还增加了使用基于 FX 动画格式或者基于 DX 动画格式进行动画录制的双区域模式全高清 D-movie（数码动画）等功能。

图 6-13 徕卡照相机 Leica S（Type 007）　　　图 6-14 尼康全画幅单反 D800 照相机

尼康全画幅数码照相机系列包括 D600 系列（包括 D600、D610 等，有效像素为 2426 万）、D750 系列（有效像素为 2432 万）、D800 系列（包括 D800、D810、D810A 等，有效像素为 3635 万）、DF 系列（有效像素为 1625 万）、D5 系列（有效像素为 2082 万）和 D850 系列（有效像素为 4575 万）等。

（2）佳能全画幅照相机。日本佳能是世界著名的全画幅数码单反照相机生产商，其产品主要包括 EOS-1D 系列、EOS 6D 系列（见图 6-15）、EOS 5D 系列和 EOS 5DS/5DS R 系列。其中 EOS-1D 系列（包括 EOS-ID X MarkI、EOS-1DX MarkⅡ）为高速、高画质照相机，有效像素为 2020 万；EOS 6D 系列（包括 EOS-6D、EOS-6D Mark Ⅱ）为轻便小巧的入门级全画幅照相机，有效像素为 2020 万；EOS 5D 系列（EOS 5D MarkI、EOS 5D MarkⅡ、EOS 5D MarkⅢ、EOS 5D MarkⅣ）为高性能全画幅照相机，EOS 5D Mark I、EOS 5D MarkII、EOS 5D MarkIII的有效像素为 2020 万，EOS 5D MarkIV（2017 年发布的新产品）的有效像素为 3040 万；EOS 5DS/5DS R 系列（2016 年发布的新产品）有效像素为 5060 万。

（3）索尼全画幅照相机。日本索尼也是世界著名的全画幅数码照相机生产厂商，其产品分为全画幅单反系列、全画幅微单系列和全画幅卡片机系列。全画幅单反为 A99 系列，新型号为 A99 二代系列（A99M2/a99Ⅱ），有效像素为 4240 万，感光度范围为 ISO 100～25 600，带五轴防抖功能；全画幅微单包括 ILCE-9 系列（9/a9）、ILCE-7 系列（a7、a7R）、ILCE-7 二代系列（ILCE-7RM2/a7SM2 系列）、ILCE-7 三代系列（ILCE-a7RM3）（如图 6-16 所示）；全画幅卡片机包括黑卡全画幅数码照相机 DSC－RX1RM2/RXIR2。

图 6-15 佳能全画幅单反 6D 照相机　　　　　图 6-16 索尼全画幅照相机

ILCE-9 系列（9/a9）是索尼推出的全画幅旗舰微单，带镜头防抖［OSS（Optical Stabilized System）防抖］和影像传感器位移防抖（五轴防抖）功能，可拍 4K 视频、有效像素为 2420 万，感光度范围 ISO 为 100～51 200，机身质量为 588 g。

ILCE-7 系列（n7/a7k、a7R）是索尼推出的高性能全画幅微单，带镜头防抖（OSS 防抖）功能，a7/a7k 有效像素为 2430 万，a7R 有效像素为 3640 万，机身质量为 416 g，最高连拍速度为 5 张/s。

ILCE-7 二代系列包括 a7S II、a7 II、a7R II 型号，带镜头防抖（OSS 防抖）和影像传感器位移防抖（五轴防抖）功能。a7S II 为高速高画质照相机（可拍 4K 视频），有效像素为 1220 万，感光度范围 ISO 为 100～102 400，机身质量为 584 g；a7 II 为高画质照相机，有效像素为 2430 万，感光度范围 ISO 为 100～25 600，机身质量为 556 g；a7R II 为高像素照相机（可拍 4K 视频），有效像素为 4240 万，感光度范围 ISO 为 100～25 600，机身质量为 582 g。

ILCE-7 三代系列（ILCE -a7RM3）的有效像素为 4240 万，4K 摄像，感光度范围 ISO 为 100～32 000，带镜头防抖（OSS 防抖）和影像传感器位移防抖（五轴防抖）功能，连拍速度为 10 张/s，主机质量为 572 g。

5. 倾斜摄像机系统

1）倾斜摄像机的类型

无人机倾斜摄像机根据不同分类标准可分为不同类型。

（1）按配置照相机数量分类，无人机倾斜摄像机可分为五镜头倾斜摄像机、三镜头倾斜摄像机和两镜头倾斜摄像机，其中两镜头倾斜摄像机又可细分为固定角度两镜头倾斜摄像机和可倾角度两镜头倾斜摄像机。五镜头倾斜摄像机适合不同飞行平台，一次飞行完成倾斜摄影作业，生产效率较高；三镜头倾斜摄像机和固定角度两镜头倾斜摄像机主要适用于固定翼飞行平台，至少两次飞行才能完成倾斜摄影作业，生产效率较低；可倾角度两镜头倾斜摄像机适用于飞行速度不大于 5 m/s 的旋翼飞行平台，可以一次飞行完成倾斜摄影作业，生产效率最低。

（2）按照配置照相机类型分类，无人机倾斜摄像机可分为中画幅倾斜摄像机、全画幅倾斜摄像机、APS 画幅倾斜摄像机和小画幅倾斜摄像机。通常倾斜摄像机 CCD（CMOS）有效像素、倾斜影像质量和倾斜摄影生产效率与摄像机倾斜画幅成正比，但与系统质量、摄像机成本相比对数据记录速度的要求更高。

（3）按搭载飞行平台类型分类，无人机倾斜摄像机可分为固定翼平台倾斜摄像机、旋翼平台倾斜摄像机和通用平台倾斜摄像机。固定翼平台倾斜摄像机指安装在固定翼飞行平台上的倾斜摄像机，一般要求倾斜摄像机镜头焦距较长、曝光间隔较短及数据记录速度较快；旋翼平台倾斜摄像机指安装在旋翼飞行平台上的倾斜摄像机，相比固定翼平台倾斜摄像机镜头焦距较短、曝光间隔可稍长及数据记录速度可稍慢；通用平台倾斜摄像机可分别搭载在固定翼飞行平台和旋翼飞行平台，通常摄像机镜头焦距适中、曝光间隔较短及数据记录速度较快。

2）常见的倾斜摄像机

（1）大型倾斜摄像机系统。大型倾斜摄像机系统通常由 5 个 8000 万像素以上的中画幅数码照相机组成，内置高性能 POS（IMU/DGPS），正直照相机镜头焦距通常为 50 mm，斜照相机镜头焦距通常为 80 mm，作业使用航空摄影专用稳定云台，系统质量一般不小于 20 kg，飞行平台一般采用有人驾驶的固定翼飞机、直升机或动力三角翼等，价格较高，适合大范围的倾斜摄影三维实景建模项目。其典型设备包括莱卡的 RCD30 倾斜照相机、北京四维远见有限公司的 SWDC-5 数字航空倾斜摄影仪、中测新图（北京）遥感技术有限责任公司的 PDC-5 倾斜数字航摄系统、上海航遥信息技术有限公司的 AMC850 倾斜摄影系统和大型倾斜摄像机 AMC5100 等。

① UltraCam Opesys。UltraCam Opesys 摄像机系统（图 6-17）共有 10 个照相机，包括 4 个垂直下视照相机和 6 个倾斜照相机。

垂直下视照相机参数：全色影像尺寸为 11 674 像素×7514 像素，像元大小为 6.0 μm，焦距为 51 mm；RGBN 影像尺寸为 6735 像素×4335 像素。

倾斜照相机参数：左右视 RGB 影像尺寸为 6870 像素×4520 像素，前后视 RGB 影像尺寸为 2×6870 像素×4520 像素（拼接后为 13450 像素×4520 像素），像元大小为 5.2 μm，焦距为 80 mm。

② Quattro DigiCAM Oblique。Quattro DigiCAM Oblique 摄像机系统（图 6-18）由 4 个镜头组成，可以方便地调整成为 1 个大幅面下视或者 4 个倾斜视照相机。若调整为正直摄影模式，则影像尺寸为 18 500 像素×12 750 像素；若调整为倾斜摄影模式，可同时获取 4 幅倾斜影像，每一幅影像尺寸最高可达 6000 万像素，照相机倾角为 45°。同一套系统可以方便地切换成为下视影像和倾斜影像模式，如图 6-19 所示。

图 6-17　UltraCam Opesys 摄像机系统

图 6-18　Quattro DigiCAM Oblique 摄像机系统

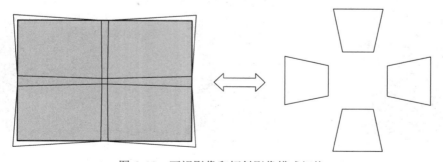

图 6-19　下视影像和倾斜影像模式切换

③ RCD30 Oblique。RCD30 Oblique 摄像机系统（图 6-20）由 1 个下视镜头和 4 个倾斜视镜头组成，影像尺寸为 6000 万像素，可升级至 8000 万像素，镜头可选择 RGB 或者 RGIN 镜头。该系统可切换为三视模式或五视模式，三视模式镜头倾斜角为 45°，五视模式

镜头倾斜角为 35°，下视影像与倾斜视影像之间均有重叠，如图 6-21 所示。

图 6-20　Leica RCD30 Oblique 摄像机系统　　　　图 6-21　三视模式和五视模式

④ Trimble AOS。Trimble AOS 摄像机系统（图 6-22）由一个下视镜头和两个倾斜视镜头组成。每曝光一次，镜头平台自动旋转 90°，以获取 4 个倾斜方向的影像。每个镜头获取的影像尺寸为 7228 像素×5428 像素，焦距为 47 mm，视场角达 114°。其系统特点如下：

a．下视与两倾斜视之间有一定重叠，单次曝光的 3 张影像拼接后成蝶形。

b．由于传感器平台的旋转，航线规划有一定难度。

c．两次曝光最短时间间隔为 3 s。

Trimble AOS 倾斜影像如图 6-23 所示。

⑤ Track' Air Midas。Midas 摄像机系统（图 6-24）由 1 个垂直照相机和 4 个倾斜照相机组成，其系统参数如下：

a．照相机为 5 台 Canon EOS NDs Mk II，每台 2100 万像素。

b．倾斜角可调节（30°～60°）。

c．最短曝光间隔为 2.5 s。

d．最大相对航高为 39 624 m。

e．集成 Applanix Posav 310。

图 6-22　Trimble AOS 摄像机系统　图 6-23　Trimble AOS 倾斜影像　图 6-24　Track' Air Midas 摄像机系统

（2）轻型倾斜摄像机系统。轻型倾斜摄像机系统通常由全画幅单反数码照相机或 APS 画幅微单数码照相机组成，通常不内置 POS（IMU/DGPS），集成照相机数量从 2 个、3 个、5～10 个不等，照相机镜头焦距通常较短，系统质量一般在 1.5～10 kg（通常轻度集成改装质量较大，深度集成改装质量较小，全画幅系列倾斜摄像机系统的质量可控制在 2.0～3 kg），飞行平台主要采用无人驾驶的固定翼无人机、无人直升机或多旋翼无人机等，价格适中（通常 10 万～70 万元之间），适合中等范围的倾斜摄影三维实景建模项目。若采用无人机集群作业，可媲美大型倾斜摄像机系统。其典型设备包括苏州创飞智能科技有限公司的倾斜摄像机（Chuang-C2、Chuang-C3 和 Chuang-C3S）、哈瓦国际航空技术（深圳）有限公司的 HARWAR-YT-5POPCⅣ 和 HARWAR-YT-5POPCⅢ 倾斜摄像机、北京红鹏未来无人机科技有限公司的轻型倾斜摄像机（RF5100、TF5100）和微型倾斜摄像机（AP1800、AP2300、AP5600）、江苏鸿鹄无人机应用科技有限公司的"天目"倾斜摄像机和"慧眼"倾斜摄像机、上海航通信息技术有限公司的 ARC336 倾斜航空摄影系统和 AMC1036 多视角航空照相机系统、武汉大势智慧科技有限公司的双鱼倾斜摄像机、天津腾云智航科技有限公司（中海达旗下）的 iCam-Q5 倾斜摄影摄像机等。下面以苏州创飞智能科技有限公司的 Chuang-C3S 倾斜摄像机（见图 6-25）为例进行简单介绍。

创飞 Chuang-C3S 倾斜摄像机深度集成了 5 个全画幅超轻型 CCD 传感器，融入高精度计算方式，其一键运行、免调模式、同步触发-曝光-记录存储的运行方式彻底解决了空中虚焦、照片质量差、丢片等问题。单机有效像素为 3600 万，总像素为 1.8 亿，系统总质量为 2.2 kg，镜头焦距为 35 mm，照相机倾斜角为 45°，最小曝光间隔为 1 s，内部存储总容量为 700 GB，影像采集最大分辨率为 1 cm，适用于各类直升机、多旋翼飞机，可执行大范围高分辨率的倾斜航空摄影任务。

（3）微型倾斜摄像机系统。微型倾斜摄像机系统通常由普通定焦数码照相机、运动照相机或手机类数码照相机组成，集成照相机数量通常为 5 个，照相机镜头焦距短，系统质量一般小于 1.0 kg，通常深度集成改装，飞行平台主要采用各种消费级多旋翼无人机等，价格低，适合开展倾斜摄影三维实景建模研究、小范围倾斜摄影项目。其典型设备包括北京观著信息技术有限公司的航摄超微传感器（蜻蜓 5S 倾斜摄像机和蜂鸟 5S 倾斜摄像机和 Chuang-C35）、北京老图科技有限公司的 KG 系列倾斜摄像机（KG650、KG800 和 KG1000）、北京正能空间信息技术有限公司的 ZN190 五镜头倾斜摄像机（图 6-26）等。

图 6-25　创飞 Chuang-C3S 倾斜摄像机　　图 6-26　大疆无人机搭载的 ZN190 五倾斜摄像机

ZN190 五镜头倾斜摄像机是一款新型的倾斜摄像机，飞行平台可采用大疆精灵 3、精灵 4 消费级多旋翼无人机。ZN190 五镜头倾斜摄像机具有体积小、质量小、操作便捷和价格便宜等特点，对照相机各部件重新标定改造后，可以做照相机畸变改正，出具真实畸变改正参数，完全满足普通倾斜摄影应用要求。ZN190 五镜头倾斜摄像机总像素为 1.9 亿（单照相机像素为 3800 万），像元尺寸为 1.4 μm、照相机使用时间为 40 min。

6. 红外照相机系统

红外光学最初被称为军事光学，主要用于军事领域，如制导、侦察、搜索、预警、探测、跟踪、全天候的前视和夜视、武器的瞄准等。20 世纪 70 年代，其被广泛用于工业、农业、医学和交通民用领域。

在红外技术的发展过程中，探测器是核心技术，每一种新型红外探测器的诞生都会带来红外探测技术的长足进步。红外探测器按工作原理可划分为热探测器和光子探测器两大类。热探测器材料在吸收红外辐射后会产生温度变化，进而使探测器的物理性质发生变化，如电阻率变化、电容变化或产生温差电动势等。通过测试这些物理性质的变化，就可以测试出热探测器吸收的红外辐射的强度，从而获知目标的信息。常见的热探测器包括热释电探测器和微测热辐射计。光子探测器利用半导体光电效应制成。某些半导体材料在受到红外辐射后，内部电子会直接吸收红外辐射而导致材料的物理性质发生改变，如吸收光子后电导率发生变化的光导器件及吸收光子后产生光生载流子的光伏器件等。光子探测器直接依靠内部电子吸收红外辐射，不需要等待材料温度的变化，因此响应更快、更灵敏，信噪比更佳。光子探测器是当今发展最快、应用最为广泛的红外探测器。

1）红外照相机的成像原理

红外辐射是波长介于可见光和微波之间的一种电磁波，又称红外光、红外线。红外辐射最早于 1800 年被英国天文学家 William Herschel 发现。当一个物体温度高于绝对零度（−273 ℃）时，它就会自发辐射红外线，其红外辐射的能量由物体的温度和表面条件决定。在常温下，物体的自发辐射主要是红外辐射。根据红外辐射在大气层中的传输特性，可以将红外辐射按波长分为近红外（0.76～3 μm）、中红外（3～5 μm）和远红外（8～12 μm）。

从目标和背景发出的红外辐射，在大气中传输并受到衰减后，由红外光学系统接收并形成目标像。红外探测器将目标像通过光电转换形成电信号，电信号经过放大、滤波和校正等一系列处理后得到目标的各种信息。与可见光、X 光等波段相比，目标在红外波段具有其特有的吸收或反射特性，从中可以获得更加丰富的信息。红外照相机的成像原理如图 6-27 所示。

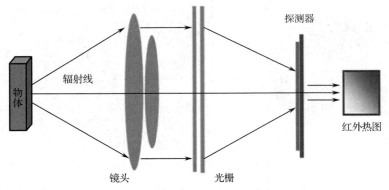

图 6-27　红外照相机的成像原理

近红外波段主要接收太阳的辐射，用来在白天日照条件良好时感知、探测和搜集目标的信息，典型载荷有多光谱成像仪、红外行扫描仪等；中红外波段包含地物反射及发射的光谱，用来探测高温目标，如森林火灾、火山等，典型载荷有被动式红外夜视仪等；远红外波段主要接收地物发射的光谱，是常温下地物热辐射能量最集中的波段，所探测的信息主要反映地物的发射率及温度，适于夜间成像，典型载荷有红外照相机、热红外成像仪等。

按照工作方式的不同，红外载荷可以分为主动式和被动式两种。主动式载荷通过向目标发射红外线，接收反射的红外辐射进行成像，如主动式红外夜视仪；被动式载荷通过感光元件感知地物辐射成像，如热像仪、红外扫描仪、多光谱成像仪和被动式红外夜视仪等。

2）红外照相机的分类

红外照相机根据探测波段（长波、中波、短波）、成像方式（凝视型、推扫型、扫描型）、是否获取多个光谱通道（多谱段红外照相机）和是否获取精细光谱信息（高光谱成像）进行类别的划分。

（1）中红外照相机（图6-28）。中红外照相机是在中波红外波段成像的载荷成品，它的主要部件包括中波红外镜头、中波红外焦平面探测器、成像电子学及后续处理软件产品。Onca系列照相机采用的材料是MCT（Mercury Cadmium Telluride，碲镉汞），光谱范围为3.7~4.8 μm或2.5~5 μm，这种材料具有隐蔽性好、能昼夜工作、穿透烟雾与尘埃的能力很强等特性，特别适合长距离远程监视。该系列照相机的主要特性包括高图像保真度；覆盖中波及部分短波范围；支持添加额外4个滤光片，满足多光谱测量的应用需求；高动态范围、高灵敏度；先进的时图像校正；InSb或MCT面阵列；兼容Gige Vi-sion接口等。

（2）热红外照相机（图6-29）。热红外照相机是在长波红外波段成像的载荷产品。对于无人机遥感平台而言，其技术指标主要包括成像波段、空间分辨率、成像视场和辐射分辨率等。

H2640红外热像仪是NEC公司的顶级之作，采用640像素×480像素探测器，适合于远距离测试，不需带望远镜头，空间分辨率为0.6 mrad，可以探测小目标异常点，带130万像素彩色可见光数码镜头。同时拍摄可见光图像和红外热图像，可以获得组合图像，清晰定位可疑区域，带高清晰度取景器，适合于室内外使用，内置照明灯可在黑暗环境拍摄可见光图像。

图6-28 中红外照相机

图6-29 热红外照相机

（3）中红外双波段照相机。红外多波段照相机是带光谱特性的红外载荷，相对于单波段的红外照相机，因其具备多个谱段成像能力，其成像探测效果大大加强，应用领域更广。中红外双波段照相机的主要应用是针对较高温度的目标，通过双波段的设置，使其具备一定的伪装识别能力。中国科学院上海技术物理研究所已研制出相关产品。

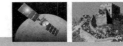

7. 多光谱成像仪

20 世纪 70 年代末 80 年代初，在研究归纳各种地物光谱特征的基础上形成了一个概念：如果能实现连续的窄波段成像，那么就有可能实现地面矿物的直接识别，由此产生了光谱和图像结合为一体的成像光谱技术。1983 年，美国喷气推进实验室研制出第一台航空成像光谱仪（AIS-1），随后包括中国在内的许多国家都研制成功了一系列成像光谱仪，其中有以线阵探测器为基础的光机扫描型，有以面阵探测器为基础的固态推扫型，也有以面阵探测器加光机的并扫型。

成像光谱仪是新一代传感器，在 20 世纪 80 年代初正式开始研制。研制这类仪器的主要目的是在获取大量地物目标窄波段连续光谱图像的同时，获得每个像元几乎连续的光谱数据。目前，成像光谱仪主要应用于高光谱航空遥感。在航天遥感领域，高光谱也开始应用。

多光谱成像仪是一种获取光谱特征和图像信息的基本设备，是光电遥感技术中的核心。多光谱成像仪多数属于被动工作，按其工作方式的不同可以分为光学成像和扫描成像两大类。通俗来说，多光谱成像技术就是把入射的全波段或宽波段的光信号分成若干个窄波段的光束，然后把它们分别成像在相应的探测器上，从而获得不同光谱波段的图像。实际使用时，要想更有效地提取目标特征并进行识别，探测系统需要有精细的光谱分辨能力，要求把光谱分得更窄并用多个波段，而完成这一任务的就是成像分光技术。

8. 激光雷达系统

LiDAR（Light Detection and Ranging，激光探测及测距系统）是以发射激光束探测目标的位置、速度等特征量的雷达系统。其工作原理是向目标发射探测信号（激光束），然后将接收到的从目标反射回来的信号（目标回波）与发射信号进行比较，进行适当处理后即可获得目标的有关信息，如目标距离、方位、高度、速度、姿态，甚至形状等参数，从而对飞机、导弹等目标进行探测、跟踪和识别。LiDAR 由激光发射机、光学接收机、转台和信息处理系统等组成，激光发射机将电脉冲变成光脉冲发射出去，光学接收机再把从目标反射回来的光脉冲还原成电脉冲，送到显示器。

1）LiDAR 的组成

LiDAR 是一种集激光、GPS 和 INS 3 种技术于一体的系统，用于获得数据并生成精确的 DEM。这 3 种技术的结合，可以高度准确地定位激光束打在物体上的光斑。它又分为目前日臻成熟的用于获得地面 DEM 的地形 LiDAR 系统和已经成熟应用的用于获得水下 DEM 的水文 LiDAR 系统，这两种系统的共同特点是利用激光进行探测和测量。

激光本身具有非常精确的测距能力，其测距精度可达几厘米，而 LiDAR 系统的精度除了与激光本身有关外，还取决于激光、GPS 及 IMU 三者同步等内在因素。随着商用 GPS 及 IMU 的发展，通过 LiDAR 从移动平台上（如在飞机上）获得高精度的数据已经成为可能并被广泛应用。

LiDAR 系统包括一个单束窄带激光器和一个接收系统。激光器产生并发射一束光脉冲，打在物体上并反射回来，最终被光学接收机所接收。光学接收机准确地测量光脉冲从发射到被反射回的传播时间。因为光脉冲以光速传播，所以光学接收机总会在下一个脉冲发出之前收到前一个被反射回的脉冲。鉴于光速是已知的，传播时间即可被转换为对距离的测量。结合激光发射机的高度、激光扫描角度、从 GPS 得到的激光器的位置和从 INS 得到的激光发射方向，就可以准确地计算出每一个地面光斑的坐标 X、Y、Z。激光束发射的频率可以从每秒几个脉冲到每秒几万个脉冲。例如，一个频率为每秒一万次脉冲的系统，接收器将会在 1 min 内记录 60 万个点。一般而言，LiDAR 系统的地面光斑间距在 2～4 m 不等。

2）LiDAR 的工作原理

LiDAR 的工作原理与雷达非常相近，其以激光作为信号源，由激光发射机发射出的脉冲激光，打到地面的树木、道路、桥梁和建筑物上，引起散射，一部分光波会反射到 LiDAR 的光学接收机上，根据激光测距原理计算，就得到从 LiDAR 到目标点的距离。脉冲激光不断地扫描目标物，就可以得到目标物上全部目标点的数据。用此数据进行成像处理后，就可得到精确的三维立体图像，如图 6-30 所示。

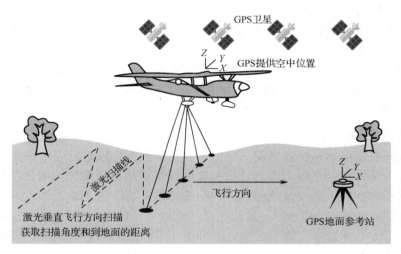

图 6-30　LiDAR 的工作原理

6.3.4　无人机遥感的应用

随着无人机遥感技术的不断发展，无人机遥感技术的产业化应用取得较快的发展，广泛应用于重大突发事件和自然灾害应急响应、国土资源调查与监测、海洋测绘、农林业、环境保护、交通、能源、互联网和移动通信等多个领域。

1. 重大突发事件和自然灾害应急响应

重大突发事件和自然灾害应急响应中，无人机遥感应用的突出贡献是能够第一时间快速反应，快速获取高分辨率灾情调查数据。辅助政府进行快速决策，是无人机应用最突出的领域。

1）洪灾救援

近年来，受特殊的自然地理环境、极端灾害性天气及经济社会活动等多种因素的共同影响，各地山丘区洪水、泥石流和滑坡灾害频发，造成的人员伤亡、财产损失、基础设施损毁和生态环境破坏十分严重。随着信息技术的不断发展，以 3S、LiDAR、三维仿真等为主的现代化技术不断用于山洪灾害的防治和研究，为相关部门开展防灾减灾工作提供了科学的决策依据。以航测的三维地形图、实测水文资料及河道断面为基础建立边界条件及特征值，可以推演洪水在真实河道内的淹没范围及程度，进而确定合理的预警指标、安全转移路线及临时安置点等。

2012 年 8 月 6 日，云南省大理州洱源县炼铁乡和凤羽镇因暴雨引发特大山洪泥石流地质灾害。云南省测绘地理信息局无人机组赶往灾区，对受灾地区 47 km² 的信息实施低空采集，获取地面分辨率为 0.2 m 的影像 981 幅，为灾后救援提供了可靠的决策依据。

2）火灾救援

当大规模火灾发生时，使用飞机协同消防员救火会事半功倍。当前，救火无人机主要用来帮助消防员完成救火任务。由于火灾很难被控制，如果在空中没有一只"眼睛"纵览全局，很容易错过最佳灭火时机。而无人机这只"眼睛"可以帮助消防员确定火灾朝哪个方向发展，哪里可能出现危险，哪里最先需要扑救。森林火灾具有非常大的破坏性，而森林一旦发生火灾，不仅给人类的劳动成果带来巨大损失，也会破坏生态系统，对生态环境造成严重的负面影响。

2015 年 8 月 12 日，天津滨海新区爆炸事故发生后，13 日凌晨 3 点，北京消防调派两架无人机 8 名官兵赶赴现场，6 时 15 分增援力量抵达现场，利用无人机航摄影像绘制出 360° 全景图，为后续救援工作的展开提供了十分关键的信息支持。

3）气象灾害监测

利用无人机航空遥感系统提供的灾情信息和图像数据可以进行灾害损失评估与灾害过程监测，估计灾害发生的范围，准确计算受灾面积及评估灾害损失。例如，对于雨雪冰冻灾害，可以对低温的发生强度及低温冷害的分布范围实施实时动态监测，并且能够迅速地研究低温冷害发生发展的一般规律，为相关部门及时采取有效救灾措施提供全面的信息。

为了调查东太平洋热带气旋生成源地，2005 年美国国家航空航天局与哥斯达黎加合作开展热带云系生产过程研究，完善热带气旋生成模式，美国海洋大气局大西洋气象实验室用气象无人机对 Ophelia 飓风进行了长时间的观测飞行。

4）地质灾害监测

我国是地质灾害严重的国家之一。无人机航空遥感系统提供的地质灾害区图像包括地质、地貌、土壤、水文、土地利用和植被等信息，这些信息构成了地质灾情评估的基础数据，对于提高该区域地质灾害管理和灾情评估的科学性、准确性和有效性非常重要，而且可以大大提高减灾抗灾和防灾的效率和现代化水平。对于山体滑坡和泥石流重大地质灾害，通过无人机提供的基础数据可以分析灾害严重程度及其空间分布，帮助政府分配紧急响应资源，快速准确地获取泥石流环境背景要素信息，而且能够监测其动态变化，为准确地预报提供基础数据。

2010 年 8 月，怒江贡山特大泥石流灾害发生后，现场环境十分恶劣，整个泥石流沟长有 14 km，车辆无法前进，救援人员只能徒步推进 3 km。在此情况下，云南省国土资源厅及测绘局首次使用无人机，依托当地一个小学操场起飞，对整个泥石流发生点进行图像采集，为救灾提供了重要信息。

5）地震救援

2008 年 5 月 12 日，四川汶川突发特大地震，造成了巨大的人员与财产损失。由于灾区交通通信全部中断，地震灾区的灾情信息无法获取。受天气及设备限制，在地震发生的第一时间错过了通过遥感或航空摄影获取灾区灾情严重程度与空间分布的最佳机会，这给及时确定救援方案带来了一定的影响。这时，由中国科学院遥感应用研究所带头成立无人机遥感小分队，在第一时间利用无人机在 400～2000 m 的低空遥感平台采集高分辨率影像。无人机凭借其机动快速、维护操作简单等技术特点，获取到灾区的房屋、道路等损毁程度与空间分布、地震次生灾害如滑坡崩塌等具体情况，以及因此而形成的堰塞湖的分布状态与动态变化等信息，为救援、灾情评估、地震次生灾害防治和灾后重建工作提供了科学决策依据。

2. 城市管理

无人机由于飞行条件要求低、反应快、控制简单、传送图像更便捷和价格便宜等优势，因此在城市管理和建设中具有非常广阔的应用前景。

1）城市灾害的监控

当城市的爆炸、火灾和水灾等灾害发生时，有时救援人员无法或不能很快进入受灾区域，这时可利用无人机携带的照相机或摄像设备对受灾区域进行侦察，同时将航拍图像传送回来，便于救援人员及时了解灾情。例如，在危险品爆炸火灾现场，在不清楚现场情况下，可首先利用无人机对现场进行侦察并将侦察数据传回，帮助救援人员及时了解现场情况，以便做出正确的决策。

2）小区域的航拍测绘

利用旋翼无人机携带摄像机进行航拍，可获得城市中小区域的影像数据。对这些数据进行专门处理后，可以得到一些测绘数据，也可以方便地形成三维图像。例如，对某个小区进行简单的测绘，对小型旅游景点航拍图像进行后期处理，可方便、迅速和低成本地生成三维图，用于宣传与推荐。

3）城市违章建筑巡查

清理城市违章建筑是城市管理的重要工作。通过航拍图像，可以及时发现新出现的违章建筑，特别是高楼上的违章建筑，这些违章建筑危险性大且具有隐蔽性，只有在空中才能发现。通过无人机提供的航拍图像，不仅能够轻易发现是否存在违章建筑，对违章建筑定位，而且可以测量违章建筑的面积和高度。

4）城市反恐

城市反恐是城市管理中面临的新问题。在反恐指挥控制中，掌握恐怖分子的分布、人质的情况等对指挥决策有重要的作用。无人机可以在人员的操控下飞到恐怖分子所在区域，采用悬停等控制飞行方式通过窗口等观察屋内的情况。如果恐怖分子绑架人质的地点在高楼层中，利用无人机悬停是侦察的最佳手段。

5）大型活动现场监控

城市中的大型活动，如集会等，监管难度常常很大，由于人数多，出现突发事件的可能性很大。通过无人机在空中监控活动区域，可以帮助管理机构实时掌握活动现场情况，根据需要重点观测某个区域，及时发现异常并持续监控。

3．农林、环保、科教文化应用

1）农林应用

无人机遥感在农林行业的应用主要以调查、取证和评估为主，更注重调查现状和地理属性信息，如作物长势、病虫灾害、土壤养分、植被覆盖或旱涝影响等信息，对绝对定位精度、三维坐标观测精度要求较低。在农业方面，我国无人机遥感已在农业保险赔付、小面积农田农药喷施及农田植被监测方面有了一定的应用；林业方面，无人机遥感在森林调查中的应用还很少，主要应用于林火监测。

（1）农业信息化。无人机作为新型遥感和测绘平台，相比于传统的卫星航空观测更加方便灵活，分辨率更高，数据信息也具有相当或更高的准确度，因此在农业信息化领域得到了广泛的应用。例如，在土壤湿度监测方面，无人机也能起到重要作用。监测区域土壤湿度有利于对农作物进行信息化管理。传统的土壤湿度监测站不能满足大面积、长期的土壤湿度动态实时监测的要求，限制了其在农业信息化、自动化方面的发展及应用，而光学设备在高空中会受到云层的阻碍，使观测不易实行，因此无人机的应用成为解决问题的关键。无人机可搭载可见光近红外光设备作为检测手段，通过对比图像的特性，得到关键信息，保证所建立模型的高准确性，完成土壤湿度的合理化监测、信息采集与建模，是农业信息化的关键一步。

（2）农作物植保。无人机技术在农作物植保方面的应用主要体现在作物的病虫害监测及农药喷洒方面。病虫害是影响农作物产量和质量的关键因素之一，对于农药喷洒，传统的人工及半人工的方式已经不能满足现代农业生产的规模化种植的需要，而且喷药人员中毒事件时有发生。无人机用于农药喷施就具有极大的优势，在国内外的应用中，日本等发达国家将无人机用于植保已经比较成熟，我国无人机植保起步较晚，但随着近年来无人机行业的火热，植保无人机一经推出便引起广泛关注。植保无人机可以有效地实现人和药物的分离，安全高效。目前，国内植保无人机领域的研究在不断加深，推广速度和市场认知度也在不断提高，植保无人机的市场前景非常广阔。

（3）农业精准化。农业精准化是当前农业发展的必然趋势，主要是利用信息技术对农业进行定时、定量和定位的管理与操作，目的是以最小的成本获取最大的利润收入，并且减少农业污染，改善农业生态环境，将资源利用最大化。实现农业精准化要建立在农业信息化的基础之上，无人机可以随时监测作物长势、土地条件变化、病虫害预防和农药肥料施用效果等信息，并可作为农业生产决策的关键定量的参考信息，从而可以有所依据地对作物进行相应的支持处理，既节省了资源，又实现了可持续发展。

2）环保应用

由于无人机遥感系统具有低成本、高安全性、高机动性和高分辨率等技术特点，因此其在环境保护领域中的应用有着得天独厚的优势。在建设项目环境保护管理、环境监测、环境监察、环境应急和生态保护等方面，无人机遥感系统均能够发挥其强有力的技术支持作用。

（1）在环境监测中的应用。

①　水污染领域。借助系统搭载的多光谱成像仪生成多光谱图像，可直观辨别污染源、污染口、可见漂浮物等；生成的分布图可为环境评价、环境监察提供依据，全面监测地表水环境质量状况，提供水质富营养化、水华、水体透明度、悬浮物、排污口污染状况等信息的专题图，从而达到对水质特征污染物监视性监测的目的。

②　大气污染。进行长期的大气污染跟踪监测，获取 PM2.5 等大气污染物浓度的三维分布数据，这一研究可为雾霾预报、防治提供更精确的数据资料。目前，对大气污染的监测主要集中在地面，高空污染监测比较少，而这种平面监测很难使我们明确雾霾的生消和扩收规律。

利用无人机飞行系统搭载污染区域气体采集设备对高空垂直断面大气污染情况进行采集分析，达到对大气数据检测装置微型化、高精度、高实时性的要求。

（2）在环境应急中的应用。无人机在环境应急突发事件中，可克服交通不利、情况危险等不利因素，迅速赶到污染事故所在空域，立体地查看事故现场、污染物排放情况和周围环境敏感点分布情况。搭载的影像平台可实时传递影像信息，监控事故进展，为环境保护决策提供准确信息。

无人机使环保部门对环境应急突发事件的情况了解得更加全面、对事件的反应更加迅速、相关人员之间的协调更加充分、决策更加有据。无人机的使用还可以大大降低环境应急工作人员的工作难度，同时工作人员的人身安全也可以得到有效的保障。

（3）在生态保护中的应用。自然保护区和饮用水源保护区等需要特殊保护区域的生态环境保护一直以来是各级环保部门的工作重点之一，而自然保护区和饮用水源保护区大多有着面积较大、位置偏远、交通不便的特点，其生态保护工作很难做到全面细致。环保部门可利用无人机每年同一时间获取需要特殊保护区域的遥感影像，通过逐年影像的分析比对或植被覆盖度的计算比对，可以清楚地了解到该区域内植物生态环境的动态演变情况。无人机生成的高分辨率影像甚至还可以辨识出该区域内不同植被类型的相互替代情况，对区域内的植物生态研究也会起到参考作用。区域内植物生态环境的动态演变是自然因素和人为活动的双重结果，如果自然因素不变而区域内或区域附近有强度较大的人为活动，逐年影像也可为研究人为活动对植物生态的影响提供依据。当自然保护区和饮用水源保护区遭到非法侵占时，无人机能够及时发现，影像也可作为生态保护执法的依据。

（4）在环境监察中的应用。当前，工业企业污染物排放情况复杂、变化频繁，环境监测工作任务繁重，环境监察人员力量也显不足，监管模式相对单一。无人机可以从宏观上观测污染源分布、排放状况及项目建设情况，为环境监察提供决策依据；同时，通过无人机监测平台对排污口污染状况的监测，也可以实时快速跟踪实发环境污染事件，捕捉违法污染源并及时取证，为环境监察执法工作提供及时、高效的技术服务。

3）科教文化应用

在科教文化领域，主要是开展航空科技与遥感等技术理论方法研究，通过无人机遥感实践来从事理论教学和技术验证、科研创新并在影视文化旅游等方面开展一些文化创意、多元素融合的活动，内容包括无人机教学竞赛表演、影视记录、广告宣传和科考探险等。该领域对精度和地理属性要求不高，注重的是活动的过程蕴含的科技文化内涵及这些相关

事物带来的社会影响等。目前，一些院校已开设了无人机遥感相关专业，如西北工业大学、北京航空航天大学等。

中国开展的第 33 次南极科学考察中有北京师范大学专门派遣的一个无人机组。2017 年 2 月，他们在南极共完成无人机航拍作业 47 架次，获取南极中山站周边地区航拍影像 14 000 余张，累积覆盖面积超过 500 km²。除进行南极环境遥感监测外，还协助考察队"空中探路"进行了海冰运输等保障工作。

4. 海洋监测管理

1）海洋监测

（1）灾害监测。近年来，浒苔、赤潮、海冰、风暴潮等海洋自然灾害频发，不断影响我国沿海地区的生产和生活，造成了巨大的经济损失。然而，由于对这些灾害缺乏全面、及时的信息掌握，造成预报不及时、监测不准确和处置不合理等结果。利用无人机搭载遥感传感器摄取灾害区域影像，搭载摄像设备拍摄现场实时视频，获取灾情信息，比其他常规手段更加快速、客观和全面，能够达到灾前预报、灾中监控、灾后评估"三效合一"的监测效果。

（2）灾前预报。利用无人机在灾害频发时段加强对海域的巡检，视察防洪大堤是否受损，调查浒苔、赤潮、海冰的分布，预测走向，及时向可能受到危害的地区发布灾害预警；并且可通过长时间的观测，掌握灾害发生的规律，以便在后期做到提前预知，采取应对措施。

（3）灾中监控。在海洋灾害发生时，一方面，通过无人机调查灾害发生的范围、程度，制定合理的消灾方案；另一方面，利用无人机在空中获取的实时遥感影像、视频，布置消灾方案，指挥消灾任务，观察消灾成效。

（4）灾后评估。与 GIS 技术相结合，对无人机获取的受灾海域遥感数据进行分析，提取受灾范围、受灾等级、损失程度等量化信息，指导灾后补救和后期防范。

2）海洋测绘中的应用

港口、河流入海口、近海岸等水陆交界地带是人类活动相对频繁的海域，在人为因素和自然因素的作用下，这些区域的地形地势变化也比较频繁。人为因素方面，随着经济的发展和需求，人们对水陆交界海域的开发利用度不断增强，如填海造地、养殖区扩展、港口平台搭建等；在自然环境因素的作用下，海岸侵蚀造成海岸线变更，入海口冲击、淤积等原因造成入海口地形变更。加强对这些海域的测绘，对指导人们的开发和利用具有重要意义。

利用无人机进行海洋测绘比传统的测绘方法速度快，并能深入海水区域，获取的遥感数据具有更高的空间分辨率，可以完成大比例尺制图。从无人机遥感影像中可以提取海岸、入海口、港口等海域的轮廓线及其变化，结合 GIS 技术对面积、长度、变化量等量化分析并预测变化趋势。在填海造地时，利用无人机搭载 LiDAR 实时测量填造区域，指导工程的实施。利用 SAR 和高光谱遥感数据可以探测浅海区域的海底地形，绘制海底地形图。利用 LiDAR 数据建立海岸线 DEM，为风暴潮的预警提供参考。在海岛礁测绘中，利用无人机同时搭载 LiDAR 和光谱传感器获取多源数据，提取海岛礁的轮廓线、面积、DEM、覆被类型等信息，可建立三维海岛礁模型。

3）海洋参数反演中的应用

海洋是全球气候变化中的关键部分，海表温度、盐度、海面湿度等环境参数是全球气候变化、全球水循环、海洋动力学研究的重要输入参数。遥感技术是快速大范围监测海洋环境参数的有效手段，可以对海洋长时间连续观测，为气候变化、水循环和海洋动力等研究提供依据。

无人机可以监测局部重点海域的环境参数，是卫星遥感大范围监测的重要补充，为海洋区域气候、海洋异常变化、海洋生物环境、入海口海水盐度变化、沿海土地盐碱化等研究提供数据信息。无人机获取的海洋环境参数还可以为海上油气平台、浮标、人工建筑等耐腐蚀性、抗冻性研究提供数据支持。

无人机配备微波辐射计、热红外探测仪、高光谱成像仪等传感器探测海洋并得到遥感数据，利用海洋参数的定量遥感反演算法模型反演海洋的各个参数。目前，反演模型大多是统计模型，利用遥感数据与反演的海洋参数之间建立起统计关系，通过统计回归的方法可以反演得到海洋温度、湿度、盐度等环境参数。

4）海事监管中的应用

无人机配备高清照相机、摄像机及自动跟踪设备，可以执行海上溢油应急监控、肇事船舶搜寻、遇险船舶和人员定位、海洋主权巡查等任务，能够快速到达事故现场，立体地查看事故区域、事故程度、救援进展等情况，即刻回传影像和视频，在事故调查、取证等工作中为事故救援决策提供实时、准确的信息，监视事故发展，是海事监管救助的空中"鹰眼"。另外，由于无人机的特殊性，抗风等级大，遥控不受视觉条件限制，比舰载有人直升机更适于恶劣天气下的搜寻救助工作；一旦发生危险，不会危及参与搜救人员的生命，最大限度地规避了风险，是海洋恶劣天气下搜寻救助的可靠装备。目前，我国利用无人机进行海域巡检、监管已经开始进入业务阶段。

5. 国土资源行业的应用

（1）建设应急防灾体系，建立无人机低空遥感体系。利用无人机遥感技术，能切实提高突发事件的响应和处理能力，一方面能及时反映地质灾害事故发生后的真实影响范围和损失估量等翔实数据，为领导辅助决策提供重要参考依据；另一方面，能够通过对地质灾害多发点进行定时无人机低空巡查，获取实时的灾害点信息，有效防御地质灾害的发生，减少灾害损失。

（2）变更地籍数据库。利用无人机遥感技术，可以进行地籍变更范围的快速提取，利用自动相关制图软件完成地形数据的快速测图，形成数字化的 4D 产品。同时，采用高精度的倾斜摄影成像手段，在云下 500 m 高空飞行可以完成 1：500 航拍图的测量，并通过边缘提取、自动勾画等技术制作完成地籍入库数据和地籍数据库的年度变更。

（3）农村集体土地承包经营权确权颁证。农村集体土地承包经营权确权颁证牵涉范围广泛，特别是在偏远、道路崎岖的山林，需要花大量的时间去支导线，既降低了测量的精度，也加大了测量环境的复杂性。利用无人机遥感技术丰富的影像信息和较高的精度和效率，可以很好地实现农村集体土地承包经营权确权颁证"一体化"发证设想，并同时完成大比例尺区域的快速测图与发证。

（4）动态巡查监管。通过无人机遥感监测成果，可及时发现和依法查处被监测区域国土资源违法行为，建立利用科技手段实行国土资源动态巡查监管，违法行为早发现、早制止和早查处的长效机制。特别在违法用地不易发现地区，利用无人机低空遥感真彩色正射影像数据，执法人员可以更清楚直观地查看违法事实，并通过数据抽取和深加工制作现场照片，成为立案证据。

（5）建设国土资源"一张图"。无人机低空遥感成果可以广泛应用于国土资源"一张图"基础数据中。其中最直观的是影像数据，也可以是通过影像处理进行空中三角测量形成信息化的 4D 产品。经过半自动化的处理入库，有力地补充了"一张图"核心数据库，保证了数据的实时性和统一性，既提高了技术人员及部门的话语权，也便于提高领导决策的科学性和准确性，为各级部门领导及主要决策者定期提供最实时的土地管理相关信息。

6. 矿业、能源、交通等领域的应用

无人机遥感已被广泛应用在矿石开采、电力和石油管线的选址与巡检、交通规划和路况监测等各项工作中。在矿业领域，利用无人机遥感技术获取矿区数据资料，实现矿区的有效监测，从而为矿区的开采工作提供保障；在电力与石油管线等能源领域，对重大工程的选址、选线、巡线、运行和管理等作用明显，能够满足施工建设过程的持续监测需求；在交通领域，无人机遥感技术能够从微观上进行实况监视、交通流的调控，构建水陆空立体交管，实现区域管控，确保交通畅通，应对突发交通事件，实施紧急救援。

1）矿业应用

随着我国国民经济的迅速发展，矿产资源的需求越来越大，矿产资源对国民经济发展的瓶颈制约凸显。面对经济发展的迫切需求，找矿的难度越来越大。无人机遥感是地质找矿的重要新技术手段，在基础地质调查与研究、矿产资源与油气资源调查和矿山开采等方面都发挥了重要作用。无人机遥感技术在矿业的各个重要环节都能派上用场，如爆破、规划采矿操作及矿井的生态重建等。

（1）爆破。矿井往往在比较偏远的地区，现有的地图信息很有可能不全面。在爆破工作初期，若能够直观熟悉周边整体环境，对爆破行动而言将十分有益。在过去，这一任务往往由专业的航拍公司来完成，相应的成本也十分昂贵。这也导致了在实际操作过程中，只有到后期爆破阶段才会采用航拍手段来获取地图。

而在今天，无人机可以以较低的成本完成更好的工作。无人机可以在短时间内制作出一个地区的高清地图，有时只需几个小时。由于飞行高度一般保持在 200～2500 ft，因此传统的飞行器必须配备 8000 万像素以上的摄像头，而无人机最低可以飞行在 250 ft 的高度，只需配备一个 1600 万像素的摄像头就能够绘制出更好效果的地图。至于卫星地图，由于距离遥远，其拍摄效果并没有无人机拍摄效果好，而且成本会更加昂贵。无人机在初期爆破阶段可以快速地进行航拍，成本仅需几千美元；相较之下，传统的飞行器拍摄图像则需要10 倍的花费。

（2）采矿操作。在实际的采矿工作中，无人机可以发挥很大的作用，当前无人机最常用的一种应用是测量矿物体积。传统的矿物储量测量方式是由地面的调查员配备 GPS 在矿井进行测量，如今许多矿井仍然采用这种方式。而无人机同样可以完成这一任务，与人工测量相比更为安全。

无人机可以给墙体与斜坡建模，估算矿井的稳定性；无人机还可以飞到离矿井墙体很

近的地方观察细节。用无人机进行 3D 建模的成本比较低廉，因此利用无人机还可以重复调查以验证所采集数据的准确性。

（3）生态重建。在矿井的生态重建阶段，了解矿井在开采前后的状态十分重要。通过无人机获取数据并生成准确的三维图像，可以帮助矿区尽可能恢复到开采之前的模样。利用无人机定期调查，还能帮助人们了解到生态恢复的进程。

2015 年 8 月 25 日，赣州市首次使用固定翼无人机进行矿业秩序巡查，上午对广东省和江西省交界区域进行非法开采的摸底巡查，下午对寻乌县石排工业园稀土矿山环境恢复治理区域进行拍摄，当天两次巡查的航拍总面积约 60 km²，飞行时间约 3 h。

2）能源应用

随着国民经济的迅速发展，国家对能源的需求越来越大，能源与人民的幸福生活息息相关，能源对于国民经济发展的重要性也越来越大。因此，能源战略一直是每个国家的重点战略。 随着数字成像及平台、计算机和自动控制等技术的发展，无人机在能源领域中的应用越来越广泛，下面列出几种典型应用。

（1）能源勘测设计行业。无人机目前在能源设计行业中的应用主要包括以下方面：

① 通过无人机摄影测量与遥感，为能源项目勘测设计提供基础测绘资料（包括 4D 测绘成果、场址实景三维模型等）和航拍地形图。大型无人机设备可测量大范围地形图。

② 利用无人机辅助完成野外现场选址踏勘工作，可以比传统作业模式了解到项目区域更详细的信息，减轻部分调研工作。

③ 在施工图设计阶段，通过共享的平台现场，施工人员可以直观地看到设计成果并与设计者进行互动，设计人员可根据现场施工实际情况及时对设计方案进行调整，提高施工效率和设计成果质量。

④ 在项目施工现场，可通过无人机实时监测施工进度、工程量测量计量和施工安全等，在建设智慧工地中发挥重要作用。

（2）光伏行业。无人机可为光伏行业定制测绘、测温和自动巡检等光伏行业解决方案，如大疆神思 XT 照相机在屋顶光伏板检测与大型光伏电站的运维上具备明显优势。神思 XT 照相机可以在短时间内扫描处于工作状态中的光伏板，能清晰地用影像呈现温度异常。通过使用神思 XT 照相机进行检测，用户能迅速确定出现故障的光伏板，及时进行修复，保障发电站处于最佳状态。

（3）风力发电场巡检。安全和效率是现代化的能源设施检测与维修的首要要求，用无人机可从空中对大型设施进行全面检测。传统手段在大型设施检测中很难达到两者的统一，特别对于风力发电机的检测更为复杂，也更具挑战性。传统检测风力发电机时，需要将工作人员运送到高空中进行作业，不仅有很大的安全隐患，而且需要在检测前停工，影响发电效率。

与传统手段相比，使用无人机让风力发电机检测变得更安全、便捷。无人机定位精准，可从空中接近风力发电机，检测人员的安全风险大幅降低。另外，无人机先进的环境感知避障功能与精确到厘米级的稳定飞行定位技术，可以有效避免撞击事故，确保飞行的安全。图 6-31 所示为无人机对风力发电机进行检修的画面。

（4）电力线路巡检。输电线和铁塔构成了现代电网，输电线路跨越数千千米，交错纵

横，分布广泛，架设高度高，使得电网系统的维护困难重重。以往电力线路巡检工作是通过直升完成的，现在先进的无人机技术让电力线路巡检工作变得更简单高效。图 6-32 所示为无人机对电力线路进行巡检。

图 6-31　无人机检修风力发电机

图 6-32　无人机巡检电力线路

（5）核电站巡检。原子能是当今极为有效的能源之一。 为保障核设施的安全，必须对反应堆进行严格的巡检。然而近距离检测可能给相关人员带来辐射危害，而使用无人机进行远程巡检能将危害降至最低。无人机搭载可见光照相机和红外照相机开展工作，高精度红外照相机能够检测 0.1 ℃的温差成像差别，可有效地探测肉眼无法觉察到的潜在裂缝及结构变形；可见光可满足不同巡检场景的需求。

（6）石油管道巡检。无人机巡检系统以技术领先、性能稳定著称，可完成各种地勘巡察任务。将无人机用于输油管道的巡检可直观显示管道线路及地表环境的实际状况，为能源管道系统快速、准确获取第一手信息，实现高效科学决策，保证输油管道安全运行提供新的技术解决方案，同时也是石油能源应急联动系统的重要组成部分。

3）交通应用

交通行业每年新增公路里程约 100 000 km，铁路约 1000 km，因此对无人机的遥感应用需求旺盛。

（1）桥梁检测。桥梁多跨越江河，凌空于山洞，在桥梁日常检查与定期检查中，传统观察段有限，危险性高，准确率低，效率低，经济投入大。针对净空较高、跨河桥梁的检测，无人机应用可达到事半功倍的效果。

无人机通过搭载不同的传感器获得所需的数据并用于分析，根据桥梁检测的特殊性，通过在无人机侧方、顶部和底部多方位搭载高清摄像头、红外线摄像头，可方便地观察桥梁梁体底部、支座结构、盖梁和墩台结构等病害情况，视频及图片信息可实时回传。斜拉桥与悬索桥主塔病害情况检测也不需要人员登高作业，桥梁检测工作更为安全。

有了红外线摄像头的辅助，无人机可快速检查出桥梁结构中渗漏水、裂缝等病害。多旋翼无人机可定点悬停，便于对病害部位仔细检查。相比桥检车与升降设备，无人机轻巧灵动，效率高，投入小。

（2）施工监控。施工规划阶段，无人机搭载高清摄像镜头与测绘工具，回传施工用地的图像、高程、三维坐标及 GPS 定位，后台分析软件对数据识别拼接、3D 建模及估测土方量等，对施工场地的布置和道路选线等提供强有力的信息支持。

施工阶段，无人机采集影像资料，可直观地获取工地施工进展情况。在桥梁合龙等关键工序实施过程中，借助无人机开阔的视野，可协助发现施工现场的安全隐患。

（3）线路巡检。在公路线路、海航内行航线的线路巡检中，无人机效率高，可增加巡检频率，加强对线路的了解。通过公路巡查，可采集全线道路信息，包括车辙、坑槽等破损路面的图片信息采集，回传地面站，由后台分析软件对图片分析归类并形成分析报告，辅助现场养护任务的决策。公路侧的违章占地、摆放也可以通过图像对比技术及时发现并得到处理。

在高速公路危险品事故应急处理问题中，无人机可代替人员进行初步的事故现场勘查，为事故处理方案的制定提供一手信息。若现场信息不明，贸然出动工作人员进入事故现场，可能会造成不需要的伤亡。

（4）交通协管。无人机在交通协管中，可用于拥堵事件采集、事故快处快赔、视频抓拍执法、重点车辆查处、案件分析和道路监控等。

① 交通节点高空视频采集。可对道路基础数据进行采集、存储和应用，对各大路口、重要路口段和交通附属设施进行高空视频采集，长期保存，以供交通大数据分析使用。数据可供交通规划、交通建设等部门应用。

② 交通拥堵节点数据的采集、分析。有些地方没有安装固定的视频采集点，或者固定采集点的角度无法很好地体现。作为固定视频的补充，利用无人机可以更好地了解拥堵节点的交通状况。

③ 道路交通工程改造前后对比数据的采集分析。改造前后可以通过视频采集进行对比，一目了然。

7. 公共安全领域

无人机遥感在公共安全领域的应用主要是提供了一种轻便、隐蔽和视角独特的工具，在确保公共安全领域工作人员人身安全的同时能够得到最有价值的线索和情报，对获取时效性和图像分辨率要求较高，对无人机系统的出勤率要求较高。目前多旋翼无人机的使用最多，其次是跨境特殊任务的长航时高隐蔽性无人机。

（1）常规公共安全领域。小型无人机可以应用于反恐处突、群体性突发事件和活动安全等方面。例如，一旦发生恐怖袭击事件，无人机可以代替警力及时赶往现场，利用可见光热成像设备等把实时情况回传给地面设备，为指挥人员决策提供依据；再如，发生群体性事件、大型活动或在搜索特定人员等方面，小型无人机可以快速响应，机动灵活，既可以传输实时画面，又可以投送物品、传递信息等，如果加装扬声器也可以喊话传递信息。

（2）边防领域。小型无人机的机动性高，续航时长，利用地面站软件对飞行路线进行设置，可以对边境线进行长时间巡逻，或者专门对某些关键区域进行缉私巡逻。例如，我国云南等一些山区存在罂粟农作物种植的情况，通过为小型固定翼无人机配备光谱分析装置，对该区域进行定期扫描式检测飞行，可以达到高效监管的作用。

（3）消防领域。小型无人机可以配备红外热成像视频采集装置，对区域内热源进行视频采集，及时准确地分析热源，从而提前发现安全隐患，降低风险和损耗。例如，某高层建筑突发火灾，地面人员无法看到高层建筑物中的真实情况，这时可以派出无人机飞到起火的楼层，利用机载视频系统对起火楼层人员状况进行实时观察，从而引导相关人员进行施救。

（4）海事领域。一旦发生海难，仅仅利用海面船只进行搜寻的效率太低，因而利用无人机搭载视频采集传输装置，对海难出事地点进行搜寻，并以此为中心点，按照气象、水文条件等对飞行路线进行导航设置等，可以及时搜救生还者，引导附近救援船只营救。另外，对于一些重点航道、关键水域，海事部门也可以通过无人机对非法排污船只进行监测，以此取证。

习题 6

1. 无人机航拍有哪些特点？
2. 无人机航拍应该注意哪些问题？
3. 简述测绘学的基本概念，并总结测绘学分类。
4. 测绘学研究的主要内容有哪些？
5. 测绘学有哪些作用？
6. 遥感基础有哪些作用？简述遥感基础的特点。
7. 遥感技术的分类有哪些？
8. 简述遥感技术的应用领域及在这些领域的作用。

第7章

无人机的飞行安全

安全是日常生活中需要切实关注的,而无人机飞行时更需要注意各种安全因素。通过本章的学习,读者将会掌握以下内容:

- 无人机航空时危险天气的定义及分类;
- 无人机航空时受到的交通管制;
- 无人机飞行时需要的审批及飞行空域管理;
- 无人机飞行遵守的法律法规。

7.1 无人机航空危险天气

7.1.1 危险天气的定义

飞行危险天气是指严重影响无人机飞行、危害无人机安全的各种恶劣天气现象,主要有积雨云、活跃的雷暴、冰雹、热带风暴、强飑线、龙卷风、强沙(尘)暴、大风、大雪、暴雨、冻雨、低云、低能见度、云蔽山、下冲气流、强风切变、强烈颠簸、严重积冰等。每种现象达到危险程度的定量标准,由需要危险天气情报的部门同航空气象业务机构协议确定。

7.1.2 航空危险天气的分类

无人机在起飞、降落和空中飞行的各个阶段都会受到气象条件的影响,风、气温、气压都是影响飞行的重要气象要素。地面风会直接影响对无人机的操纵,高空风会影响无人机在航线上的飞行速度和加油量。气温高低可改变发动机的推力、起落滑跑距离等。气温高于标准大气温度时,会增加无人机起飞滑跑距离和上升爬高时间,降低无人机载重量。气压会影响无人机的飞行高度。此外,雷暴、低云、低能见度、低空风切变、大气湍流、空中急流、颠簸、结冰

等天气现象都直接威胁无人机的飞行安全。下面简单介绍几种对无人机航空飞行安全构成很大影响的天气现象。

1. 风切变

风切变是指在短距离内风向、风速发生明显突变的状况。强烈的风切变瞬间可以使无人机的飞行姿态发生改变，在一定条件下还可导致无人机失速和难以操纵的危险，甚至导致飞行事故。

2. 吹雪

吹雪是指当地面有积雪，强风将积雪吹起飞舞在近地面空中的现象。吹雪时能见度小于 10 km。如果雪片被风吹起，高度超过 2 m，则称为高吹雪；如果高度不超过 2 m，则称为低吹雪。当吹雪天气出现时，会对无人机飞行造成很大的影响。

3. 雷雨

雷雨是在强烈垂直发展的积雨云内所产生的一种天气现象，这种现象除有较强的降水外，同时还伴有雷声、闪电和风的骤变，有时还伴有冰雹。雷雨有以下几类：气团性雷雨分为对流性雷雨和地形雷雨，锋面雷雨分为冷锋、锋前、暖锋、静止锋、高空锋雨。雷雨对无人机飞行的影响很大，严重的会使无人机失去控制、损坏、马力减少等。因此，在雷雨天气时，最好不要飞行无人机。

4. 雾

雾是大量的大水滴或小冰晶浮游在近地面空气层中，致使能见度减小的天气现象。其按浓度分为浓雾和轻雾两种，浓雾雾滴密度大，水平能见度小于 1000 m；轻雾雾滴密度比浓雾小，水平能见度大于 1 km，小于 10 km。无人机对于湿度也非常敏感，在大雾中飞行，无人机表面会变得非常潮湿，可能会导致无人机进水，因此大雾天气无人机不适宜飞行。

5. 空气湿度

除去大雾，空气湿度也是一项可能影响无人机正常工作的天气情况。当空气相对湿度的数值接近 1 时应当引起注意，在这种情况下，即使不下雨，无人机的表面也会凝结非常多的水汽。对于无人机这类精密的电子产品来说，水汽一旦渗入内部，则非常可能腐蚀内部电子元器件，所以日常也需要做好无人机干燥除湿的保养。

6. 大风

在大风情况下，无人机为了保持姿态和飞行，会耗费更多的电量，续航时间会缩短，同时飞行稳定性也会大幅度下降。同时，也要注意最大风速不要超过无人机的最大飞行速度。

7. 高温或低温天气

高温或低温天气都会影响无人机的一些功能组件，导致飞行效率降低，甚至危及飞行安全。在炎热的天气切忌飞行太久，且应在两次飞行间让无人机进行充分的休息和冷却。因为无人机的电动机在运转产生升力时会连带产生大量的热量，所以在炎热的天气下，电动机非常容易过热，在一些极端情况下甚至可能会融化一些零部件和线缆。在严寒的天气里要避免飞行太久，且应在飞行中密切关注电池情况。因为寒冷会降低电池的效率，同时也非常容易发生掉电的情况，导致电动机停转等意外情况，这是我们必须要极力避免的情况。

7.2　航空交通规则

7.2.1　空中交通管制

飞机在天空飞行必须要遵守空中交通规则，也会受到专门机构的指挥与调度，这就是空中交通管制（Air Traffic Control）。

空中交通管制是指利用技术手段和设备对飞机在空中飞行的情况进行监视和管理，以保证其飞行安全和飞行效率。根据国际民航组织的规定，空中交通管制的主要任务是防止飞机在空中相撞，防止飞机与障碍物相撞，保证空中交通无阻和有序飞行。随着科学技术的进步，空中交通管制方式也日益先进。20 世纪 50 年代前主要采用位置报告的程序管制方式；50 年代引入一次和二次监视雷达，采用雷达管制方式；60 年代后引入计算机技术，使空中交通管制方式自动化。图 7-1 所示为空中交通管制系统。

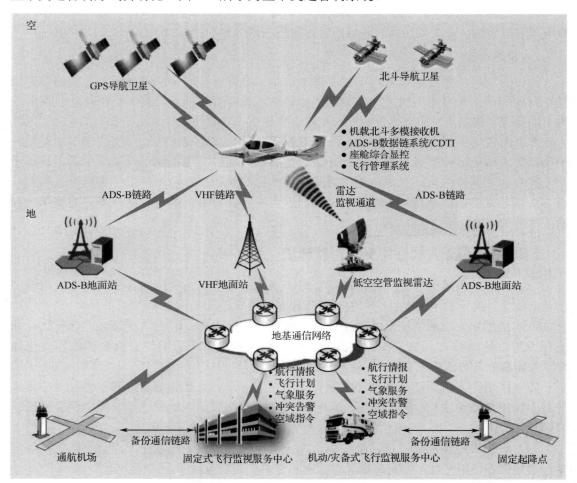

图 7-1　空中交通管制系统

空中交通管制方式有两种，分别是程序管制和雷达管制（Radar Control）。

1. 程序管制

程序管制方式对设备的要求较低，不需要相应监视设备的支持，其主要的设备环境是地空通话设备。管制员在工作时，通过飞行员的位置报告分析、了解飞机间的位置关系，推断空中交通状况及变化趋势，同时向飞机发布放行许可，指挥飞机飞行。

飞机起飞前，机长必须将飞行计划呈交给报告室，经批准后方可实施。飞行计划内容包括飞行航路（航线）、使用的导航台、预计飞越各点的时间、携带油量和备降机场等。空中交通管制员根据批准的飞行计划内容填写在飞行进程单。当空中交通管制员收到飞机机长报告的位置和有关资料后，立即同飞行进程单的内容进行校正，当发现航空器之间小于规定垂直和纵向、侧向间隔时，立即采取措施进行调配间隔。这种方法速度慢，精度差，为保证安全因而对空中飞行限制很多，如同机型同航路同高度需间隔 10 min，因此在划定的空间内所能容纳的飞机较少。这种方法是中国民航管制工作在以往很长一段时间内使用的主要方法。该方法也在雷达管制区雷达失效时使用。随着民用航空事业的迅速发展，以及飞行量的不断增长，中国民航加强了雷达、通信、导航设施的建设，并协同有关部门逐步改革管制体制，在主要航路、区域已实行先进的雷达管制。

2. 雷达管制

雷达管制员根据雷达显示，可以了解本管制空域雷达波覆盖范围内所有飞机的精确位置，因此能够大大减小飞机之间的间隔，使管制工作变得主动，管制人员由被动指挥转变为主动指挥，提高了空中交通管制的安全性、有序性、高效性。

在民航管制中使用的雷达种类为一次监视雷达和二次监视雷达。一次监视雷达发射的一小部分无线电脉冲被目标反射回来并由该雷达收回加以处理和显示，在显示器上只显示一个亮点而无其他数据。二次监视雷达是一种把已测到的目标与一种以应答机形式相配合设备协调起来的雷达系统，能在显示器上显示出标牌、符号、编号、航班号、高度和运行轨迹等特殊编号。

7.2.2 民用无人机空中交通管理办法

为了加强对民用无人机飞行活动的管理，规范其空中交通管理的办法，保证民用航空活动的安全，关于民用无人机空中的交通管理有如下规定：

（1）民用无人机应当依法从事工业、农业、林业、渔业、矿业、建筑业的作业飞行和医疗卫生、抢险救灾、气象探测、海洋检测、科学实验、遥感测绘、教育训练、文化体育、旅游观光等方面的飞行活动。

（2）民用无人机活动及其空中交通管理应当遵守相关法规和规定，其中包括《中华人民共和国民用航空法》《中华人民共和国飞行基本规则》《通用航空飞行管制条例》及民航局规章等。

（3）组织实施民用无人机活动的单位和个人应当按照《通用航空飞行管制条例》等规定申请划设和使用空域，接受飞行活动管理和空中交通服务，保证飞行安全。

（4）为了避免对运输航空飞行安全的影响，未经地区管理局批准，禁止在民用运输机场飞行空域内从事无人机飞行活动。申请划设民航无人机临时飞行空域时，应当避免与其

他载人民用飞机在同一空域内飞行。

（5）由于无人机飞行过程中无执行任务机长，为了保飞行安全，由无人机操控人员承担规定的机长权利和责任，并应当在飞行计划申请时明确无人机操控人员。

（6）组织实施民用无人机活动的单位或者个人应当具备监控或者掌握其无人机飞行动态的手段，同时在飞行活动过程中与相关管制单位建立可靠的通信联系，及时通报情况，接受空中交通管制。发生无人机飞行活动不正常情况，并且可能影响飞行安全和公共安全时，组织实施民用无人机活动的单位或者个人应当立刻向相关管制单位报告。

（7）在临时飞行空域内进行民用无人机飞行活动，由从事民用无人机飞行活动的单位、个人负责组织实施，并对其安全负责。

（8）民航空中交通管制单位应当按照有关法规和本规定的要求对民用无人机飞行活动进行空中交通管理。不得在一个划定为无人机活动的空域内同时为民用无人机和载人飞机提供空中交通服务。

（9）民用飞机机组人员发现无人机飞行活动，应当及时向相关空中交通管制单位报告。空中交通管制单位发现区域内有无人机活动或者收到相关报告，应当向所管制的飞机通报无人机活动情报，必要时提出避让建议，并按要求向相关管制单位、空中交通管制运行管理单位和所在地的民航监管局通报。

（10）民用无人机活动中使用的无线电频率、无线电设备应当遵守国家无线电管理法规和规定，且不得对航空无线电频率造成有害干扰。民用无人机遥控系统不得使用航空无线电频率，在民用无人机上设置无线电设备，使用航空无线电频率的，应当向民用航空局无线电管理委员会办公室提出申请。

（11）未经批准，不得在民用无人机上发射语音广播通信信号。

（12）使用民用无人机应当遵守国家有关部门发布的无线电管制命令。

7.3　无人机的飞行运营

7.3.1　无人机飞行任务审批

随着无人机的不断普及，无人机飞行活动也日趋频繁，但是无人机的飞行必须得到相关部门的任务批准，否则会导致违规飞行甚至会带来危险。

2009 年，一架小型无人机在杭州地区违规飞行，造成杭州萧山机场关闭 56 min，18 个航班备降和延误。

2012 年，海南一家企业使用"富蜂"飞机擅自组织飞行活动，严重干扰军机训练。

2013 年，北京一家科技公司进行商业性航拍飞行，既没有向民航部门申报航拍任务，又没有向空中交通管制部门申请飞行计划，且违规到首都机场附近空域飞行，导致待降首都机场的多架飞机空中紧急避让。

2015 年 3 月 16 日，某影视制作公司在工业园区进行航拍时，因信号受到干扰，无人机升空盘旋两圈后突然失控，撞上附近的 10 000 V 双层高压线，卡在中间无法移动。所幸电力部门及时出动，排除险情，否则极有可能造成工业园区大面积停电。

2015 年 7 月 1 日，广东省深圳市省田区沙尾村，一架无人机从高空坠落，砸坏路边停

泊车辆，险些伤人。

2013 年 12 月 1 日起施行的《通用航空飞行任务审批与管理规定》大大简化了飞行任务审批，但以下 9 种情况必须办理任务申请和审批手续：

（1）航空器进出我国陆地国界线、边境争议地区我方实际控制线或者外籍防空器飞入我国领空的（不含民用航空器沿国际航路飞行）。

（2）航空器越过台湾海峡两岸情报区分界线的（不含民用航空器沿国际航路飞行）。

（3）航空器进入陆地国界线、边境争议地区实际控制线我方一侧 10 km 的（不含民用航空器沿国际航路飞行），越过我国海上飞行情报区的（不含台湾海峡地区和国际航路飞行），进入上述地区或越过海上飞行情报区执行森林灭火、紧急救援等突发性任务的。

（4）航空器进入空中禁区执行通用航空飞行任务的，进入空中危险区、空中限制区执行通用航空飞行任务的。

（5）凡在我国从事涉及军事设施的航空摄影或者遥感物探飞行的，从事涉及重要政治、经济目标和地理信息资源的航空摄影或者遥感物探飞行的。

（6）与相邻国家联合组织跨越两国边境的航空摄影、遥感物探等通用航空飞行的。

（7）外籍航空器或由外籍人员驾驶的我国航空器使用未对外开放的机场、航线和空域，进行飞行活动的。

（8）中央国家机关有关部门、地方人民政府和企业事业单位使用军用航空器进行航空摄影（测量）、遥感物探，以及使用总参谋部直属部队航空器或者使用军区所属航空器跨区从事通用航空飞行的；使用军区所属航空器在辖区内进行其他通用航空飞行的；使用海军、空军所属航空器在辖区内进行其他通用航空飞行的。

（9）国家组织重大活动等特殊情况下的通用航空飞行。

7.3.2 无人机的飞行空域管理

无人机空域管理是指为维护国家安全，兼顾民用、军用航空的需要和公众利益，统一规划，合理、充分、有效地利用空域的管理工作。根据可承受性、任务需求和应用领域的不同，无人机具有不同的装备和能力。为保证这些不同种类的无人机在低空域内与通用航空器、直升机和滑翔机等实现安全飞行，在提高无人机自身安全性的基础上，还必须建立科学的空中交通管理机制，施行无人机空域管理，解决好无人机与有人机在共同空域内的安全飞行问题。

无人机空域运行风险主要集中于对空域内其他载人航空器造成的碰撞风险。虽然无人机空域运行的相关法规及规范正在不断完善，但有关无人机与载人飞机之间危险接近的报告却在不断增长。根据英国航空理事会（UK Airport Boar）报告，2016 年，关于无人机危险接近的报告比 2015 年增加了一倍以上。同时，美国联邦航空管理局（Federal Aviation Administration，FAA）报告记录显示，2015 年 8 月～2016 年 1 月，在美国发生了近 580 起无人机危险接近事件，平均每月就有 100 多起；2016 年 2 月～9 月，疑似无人机接近飞机事件达 1274 起，比 2015 年同期增加了接近一倍。

我国的无人机空域运行形势也同样不容乐观。2016 年以来，因无人机在机场附近非法飞行导致机场空域管理运行方式被迫转变、跑道关闭的事件时有发生，甚至严重影响机场运行效率和飞行安全。无人机的运行风险正在逐步增加。

无人机空中飞行的危险成因主要有以下几点。

1. 非法飞行

非法飞行即未经审批而进行的飞行，俗称"黑飞"。2015 年以来，国内发生的多起无人机致使航班返航备降事件均是由非法飞行造成的。运输航空的快速增长，再加上无人机的非法使用，使得空域运行增加了另一个层面的复杂性，风险不断加大。

造成"黑飞"高发的原因主要有 3 个方面：

（1）无人机需求得不到有效满足。

（2）监管困难。

（3）部分无人机爱好者或使用者缺乏相关专业知识及对法律法规的了解。

2. 感知与避让能力不足

感知与避让是指看见、察觉或发现交通冲突或其他危险并采取适当行为的能力。无人机的感知与避让能力主要来自目视及感知与避让系统。感知与避让系统是指无人机安装的一种确保无人机与其他飞机保持一定安全间隔的设备，类似于载人飞机的防相撞系统。在融合空域中运行的无人机必须装备此系统。

3. 系统与可靠性隐患

无人机空域运行风险还有系统与可靠性原因。系统风险主要集中于系统中毒、黑客劫持、控制系统故障等。可靠性风险暴露的主要问题是过分追求降成本、降质量、增加功能、提高性能所带来的可靠性安全隐患。很多无人机设备事故率很高，再加上生产厂商水平参差不齐，导致无人机在可靠性方面存在很大的风险隐患。

4. 人为因素

参与无人机运行的人员主要有无人机系统驾驶员和无人机观察员。无人机驾驶员是指由无人机运营人指派的对无人机运行负有必不可少职责并在飞行期间适时操作无人机控件的人员，无人机观察员是指由运营人指定的通过目视观察无人机协助无人机驾驶员安全实施飞行的人员。

5. 指令与控制数据链路干扰隐患

指令与控制数据链路是指无人机和遥控站之间为飞行管理建立的数据链接。数据链路是无人机操纵的主要途径，其对电磁波非常敏感，因此易受其他电磁波的干扰。数据链路一旦受到电磁干扰，很容易失去控制。即使大多数无人机系统设置了在数据链路受干扰时的返回或安全落地程序，但此程序仍很难保证自我控制路径对空域其他用户是安全的。

2003 年 1 月 10 日，为促进通用航空事业的发展，规范通用航空飞行活动，保证飞行安全，国务院和中央军委联合发布了《通用航空飞行管制条例》；2014 年，民航局推出《低空空域使用管理规定（试行）》征求意见稿，标志着我国低空空域改革进入关键时期，对打开无人机市场具有重大意义；2016 年 6 月，民航局出台了《轻小无人机运行规定（试行）》（以下简称《运行规定》），强调以大数据和"互联网+"为依托，细化分类，对低、慢、小无人机运行实施放管结合的差异化管理，以进一步维护轻小型无人机的飞行秩序，确保运行安全。《运行规定》中制定了一些确保飞行安全的规定，如无人机驾驶员不得在酒后、药

物作用下操纵和架设飞行器、禁止鲁莽飞行等；也有一些技术规范，如无人机必须具有有效的空地信号链路、机身上需注明个人信息等。

7.4 无人机飞行法律法规

7.4.1 《民用航空法》概述

《民用航空法》即《中华人民共和国民用航空法》，是为了维护国家的领空主权和民用航空权利，保障民用航空活动安全和有秩序地进行，保护民用航空活动当事人各方的合法权益，促进民用航空事业的发展而制定的法律。

《民用航空法》由第八届全国人民代表大会常务委员会第十六次会议于 1995 年 10 月 30日经审议通过，自 1996 年 3 月 1 日实施。当前版本于 2018 年 12 月 29 日第十三届全国人民代表大会常务委员会第七次会议通过修正。

通俗来说，《民用航空法》就是用来调整民用航空活动所产生的各种社会关系的法律规范的总称。

《民用航空法》的调整对象主要是民用航空活动所涉及的各种社会关系，同时应协调民用航空与非民用航空，特别是与军用航空的关系，如图 7-2 所示。

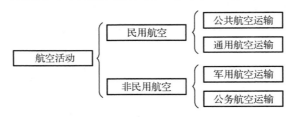

图 7-2 《民用航空法》调整对象

7.4.2 无人机违规飞行处罚

《民航公安行政处罚裁量基准》对无人机"黑飞"处罚进行了详细的法律指引，其主要的处罚方式如下：

《中华人民共和国治安管理处罚法》第二十三条规定，有下列行为之一的，处警告或者二百元以下罚款；情节较重的，处五日以上十日以下拘留，可以并处五百元以下罚款：

（1）扰乱机关、团体、企业、事业单位秩序，致使工作、生产、营业、医疗、教学、科研不能正常进行，尚未造成严重损失的；

（2）扰乱车站、港口、码头、机场、商场、公园、展览馆或者其他公共场所秩序的。

聚众实施前款行为的，对首要分子处十日以上十五日以下拘留，可以并处一千元以下罚款。

以下情形处五日以上十日以下拘留，可以并处五百元以下罚款：

（1）在民用机场范围内和机场净空保护区域内，违规飞行无人机的。

（2）在警卫活动现场进行违规飞行的。

（3）出现坠地事故，造成人员伤害、财产损失，扰乱单位秩序或者公共场所秩序的。

以下情形处 10 日以上 15 日以下拘留，并处 500 元以上 1000 元以下罚款：

（1）未按《民用无人机驾驶员管理规定》取得资质，从事无人机飞行活动的；

（2）大型活动期间，在民用机场范围内和机场净空保护区域内，违规飞行无人机的。

习题 7

1. 无人机航空危险天气的分类有哪些？
2. 无人机空中管制分为哪两种？简要叙述。
3. 简述民用无人机空中交通管理办法。
4. 无人机飞行时，哪些种情况必须办理任务申请和审批手续？
5. 简述无人机空中飞行的危险成因。

参考文献

[1] 朱圣洁. 无人机驾驶基础及应用[M]. 北京：机械工业出版社，2019.

[2] 高朋举. 无人机系统导论[M]. 北京：航空工业出版社，2017.

[3] 符长青 曹兵. 多旋翼无人机技术基础[M]. 北京：清华大学出版社，2017.

[4] 刘宾，籍莉. 一本书搞懂无人机[M]. 北京：化学工业出版社，2019.

[5] 黄和悦. DIY 四轴飞行器[M]. 北京：电子工业出版社，2015.

[6] 鲍凯. 玩转四轴飞行器[M]. 北京：清华大学出版社，2015.

[7] 王瑞，丁晓青. 四旋翼无人机的设计与实施[M]. 北京：清华大学出版社，2018.

[8] 于明清，司维钊. 无人机飞行控制技术[M]. 西安：西北工业大学出版社，2018.

[9] 官建军，等. 无人机遥感测绘技术及应用[M]. 西安：西北工业大学出版社，2018.

[10] 宇坤林，陈文贵. 无人机结构与系统[M]. 西安：西北工业大学出版社，2016.

[11] 全权. 多旋翼飞行器设计与控制[M]. 北京：电子工业出版社，2018.